TODAY THERE ARE NO GENTLEMEN

誰がメンズファッションをつくったのか？

英国男性服飾史

ニック・コーン 著　奥田祐士 訳

DU BOOKS

TODAY THERE ARE NO GENTLEMEN
by
Nik Cohn

Translated by Yuji Okuda
Published in Japan
by
Disk Union Co., Ltd.

解説　文化がどのように変化していくのかを60年代をケースにたどった名著

W・デーヴィッド・マークス

本を書くのは孤独な作業だ。たまにインタヴューをしたり、図書館に出かけたりすることはあるけれど、たいていは毎日、何時間も机の前に座ってタイプを叩くことになる——自分の書いたものを楽しんでもらう以前に、そもそも読んでくれる人はいるのだろうか、などと考えながら。というわけで第一作の『AMETORA』が2015年の末に刊行されたとき、ぼくは日本の男性ファッション史という、あまりメジャーとはいえないテーマの本をわざわざ買おうとする人がいるのだろうか、と心もとない気持ちでいた。

「エスクァイア」誌のカリスマ的なファッション担当編集者、ニック・サリヴァンがインスタグラムに『AMETORA』の写真を上げてくれたときのことを、今でもはっきり覚えているのはそのせいで、そこにはこんなキャプションが添えられていた。「男性ファッション関連の書籍として、これはたぶん『Today There are No Gentlemen』〔本書原題〕以来の名著だ。しかもぼくはまだ10ページしか読んでいない……」やったぞ、ぼくの本を読んでくれた人がいる！　しかもそれがニック・サリヴァンだなんて！　待てよ……『Today There are No Gentlemen』ってなんだ？

『Today There are No Gentlemen』というタイトルは初耳だった。取り急ぎインターネットを調べてみてわかったのは、それがロックンロール世代の草分け的な評論家、ニック・コーンの著書だったことだ。近年、コーンの評価はいささか下降気味だが、初期の音楽評論は、ぼくらのポップ文化遺産を形にするにあたり、重要な役割を果たしてきた。なかでもとくに有名なのは、ロング・アイランドに暮らすディスコ好きの青年を取り上げた70年代中盤の（架空の）記事が、今も70年代全体の象徴となっている映画『サタデー・ナイト・フィーバー』の原案になったことだろう。

それに比べると『Today There are No Gentlemen』は、決して広く知られているとはいいがたい作品だ――「英国男性のファッションと、それが第2次世界大戦以降どう変化してきたか、そしてその変化の理由はなんなのか」に関する、主観的ジャーナリズムの速書き。だがぼくは自分がこの非常に重要な男性ファッションの文化史を読みもしないで、男性ファッションの通史を書いてしまったことに、ひどくばつの悪さを覚えた。その話を聞くやいなや、ぜひとも手に入れなければと考えたが、そこにはちょっとした障害があった。この本は絶版だったのだ。しかも〝オンラインでオーダーすればいい〟程度の絶版ではなく、どうしようもないほどの絶版だった。出物のなかでいちばん安い古本でも、10万円近い値段がする。苦しまぎれでぼくは、大学の図書館で働いている大学時代のルームメイトにメールで助力を仰いだ。1週間後にぼくは、テキストのコピーを受け取った……非公式のルートで。

ようやく『Today There are No Gentlemen』を読み終えたとき、自分はそれが『AMETORA』と薄気味悪いぐらい似ていることに衝撃を受けた——まるで自分が無意識的にコーンのテクニックをすべて盗み取り、自動筆記で日本に関する、彼の本の別ヴァージョンを書き上げたような感じがした。だがコーンはより少ない素材で、より多くの成果を上げることができた。ぼくが70年というスパンのなかで、アイヴィー、デニム、ヒッピー、ヘヴィーデューティ、ヤンキー、プレッピー、DCブランド、そしてストリートウェアの逸話を見つけていったのに対し、コーンは無個性で安っぽい〝復員〟服から、テディ・ボーイ、モッズ、ロッカーズ、ルード・ボーイ、スキンヘッド、ヒッピー、スエードヘッド、そしてクロンビーといったサブカルチャーの爆発へといたる、おそらくはそれ以上に劇的な変化を、わずか25年のスパンで描いてみせたのだ。

最終的にコーンは、「60年代の末になると、英国人はもはや英国人としての装いをしなくなった」と結論づけた。だが今の視点でふり返ると、この要約はいささか早計だ。かつてはやりたい放題だった英国の若者によるサブカルチャーは、けっきょく新たな〝英国風〟の着こなしを生み、国外でも多くの人々が、こうしたよりカジュアルな〝英国人〟の装いをつづけている（世界中で履かれているドクターマーチン・ブーツの数だけでも、きっと目のくらむような数字になるはずだ）。基準がどれだけ激変しようと、戦後の30年間で、世界を代表する衣類やアクセサリーの多くが生み出されたという事実に変わりはない――ダッフルコート、ピエール・カルダンの襟なしスーツ・ジャケット、モッズ・パーカ、ベルボトム・パンツ、サファリ・スーツ、チェルシー・ブーツ、ラバーソール。こうした名高いアイテムだけでなく、乗馬ズボンや髪粉をつけたかつらのような些末なアナクロニズムも、ぼくらのファッション・ヴォキャブラリーのなかで、相変わらず重要な役割を果たしている。

コーンが伝えるこの物語のミソは、60年代の改革を可能にした人々に焦点を当てていることだ。店主、仕掛け人、ロック・スター……。こうした人物は単に物語をより興味深くしているだけでなく、なんらかの価値を持つ文化史には欠かせない要素なのだ。なにもないところから、文化の変化は起こらない。そうなるのは個人個人が、積極的に文化を変えようと努めるからだ。

アメリカのファッションにしても、占領後の日本で〝自然に〟広まったわけではない。VANジャケットの石津謙介という特定の個人が、若者に服を売るビジネス・プランの一環として、1960年代のはじめにアイヴィー・リーグのファッションを輸入したのだ。というわけでコーンも〝モッズ〟について語る際には、単にはぐれ者の若者集団としてとらえる代わりに、まさしく最初のモッズを特定する。彼らは何者で、なぜああいう装いを選んだのか？　そのひとりはのちに誰もが知ることになる――しかしモッズとはほど遠いスタイルで有名になった――ロック・スターだったという、なんとも魅力的なひねりもある。これは本書を読んでのおたのしみだ。彼の説明によると初代のモッズは「歳は二十歳ぐらいで、ほとんどがユダヤ人だったけど、全員、仕事はしていなかった。親のすねをかじりながら、ただブラブラしていたんだ。（中略）ぼくはそんな彼らのことを最高だと思い、家に帰ると文字通り、モッズになれますようにとお祈りしていた」

題材とは時間的にほんの数年しか離れていなかったおかげで、コーンは60年代の物語を、それ以降では考えられないほど微に入り細に入り描き出すことができた。こうしたディテールは、単に興味深い豆知識となるだけでなく、だれが、いつ、どういう理由でスタイルを変えたのかを正確に指し示すことで、文化の変化を正確に追うための足がかりも提供してくれる。ではこの本でぼくらはなにを学べるのだろう？

①ファッションはつねに、その前に起こったことへの反動である。

ボー・ブランメル――近代における男性ファッションの伝説的なゴッドファーザー――がミニマルなスーツを着たのは、フリフリのど派手な格好をしていた当時の男たちと一線を画するためだった。モッズは英国貴族のファッションをチンピラ風にアレンジしたテッズに対抗して、ヨーロッパのエレガンスを選んだ。いっぽうでスキンヘッドは、モッズの神経質さに反発して、ブルーカラーの労働着をより質実剛健に誇張した。そして60年代の末ともなると、ファッションがすっかり広まったせいで、大半のファッショナブルな人々は、ファッション自体を捨て去ってしまった。

②階級は上の階級を模倣し、下の階級との交流を避ける。

労働者階級のテディ・ボーイは貴族的なエドワーディアン・ルックを模倣したが、上流階級はそのとたん、エドワーディアン・ルックを捨て去った。労働者階級のモッズはコスモポリタン的な上位中流階級のダンディを模倣し、それを見た大学生は、その手のスリムなモヘア・スーツを着なくなった。

③スタイルの大衆化は、そのスタイルの息の根を止める。

コーンがそのパターンを説明する。「(サブカルチャーは) まずアンダーグラウンドで形成され、基本的な前提が設定される。そしてまずごく少数の信徒が、熱心に信奉しはじめる。するとやがて日の目を見て、各地に広まり、ある日突然火がついて、全国的なブームとなる。そして周辺の野次馬たちも惹きつけ、業界を巻きこみ、メディアにも際限なく取り上げられる。と、そのうちに新奇さやインパクトがすべて消え失せ、死に絶えてしまうのだ」

これらのパターンはファッションの変化や英国の事例だけでなく、おそらくは文化的な変化全般の中核をなしている。

これらのパターンが本書では、今以上に明確に示される。コーンの本はごく短い期間に、前例のないスピードで、次々にファッションの変化が起こっていたことをあらためて思い知らせてくれるのだ。

ぼくらは60年代を、若者文化の爆発、反逆、ドラッグ、政治闘争、そして〝精神の真の解放〟の時代として記憶している。だが60年代は同時に、**人間に耐えられる最速のスピードで、奥深い文化的変化が進行した時代**と見ることもできる。現在は数日で寿命が尽きるインターネットのミームや流行も珍しくないが、そんな短い期間ではだれも、そうした変化を自分のアイデンティティに取りこむことはできない。〝素早く広まる文化《ヴァイラル・カルチャー》〟は決まって底が浅い、皮相的なものだからだ。しかし１９６０年代の英国男性は、即製のサブカルチャー的なファッションを、自分たちのアイデンティティの根本として採り入れた。ビートルズ風のシックな髪型をしていたかと思うと、次の日には流れるような長髪のヒッピーになり、その段階のひとつひとつで、自分の髪型は内なる感情や願望の表現だと信じていた。

ぼくらはもう、そんな時代には暮らしていない。60年代の映画なら、その衣裳や髪型で、つくられた年をほぼ正確にいい当てることができる。だが１９９９年の『ファイト・クラブ』でエドワード・ノートンのキャラクターが着ている服と、２０００年代初頭の〝ジェイソン・ボーン〟シリーズでマット・デイモンが着ている服を見ても、今の目ではほとんど区別がつかない。ローラーコースターさながらだった１９６０年代に比べると、21世紀のファッションの変化は、ほとんど揺らぎを感じさせないのだ。

というわけで本書は、単に過去のカラフルな、詳細にわたる歴史ではない。それは現在の世界における文化の停滞ぶりを示す、創造力の重要な尺度ともなっているのだ。コーンは60年代に対する、尽きることのない、そして閉口させられることも多いノスタルジアが、実際には決して過大評価ではなかったことを証明する。文化史として見た場合、この本はまさしくお宝だ——10万円の価値はじゅうぶんある。じゃあここでいい報せを。この日本語版はそれに比べると、はるかにお安く手に入れられるのだ。

デーヴィッド・マークス

1978年、オクラホマ州生まれ、フロリダ州育ち。2001年にハーバード大学東洋学部卒、2006年に慶應義塾大学大学院商学研究科修士課程卒。日本の音楽、ファッション、アートについてNEW YORKER, GQなどにで執筆。ウェブジャーナルのNEOJAPONISMEを編集。著書『AMETORA（アメトラ）日本がアメリカンスタイルを救った物語』が話題に。東京在住。Twitter @wdavidmarx

Today there are no Gentlemen

The Changes in Englishmen's Clothes since the War

NIK COHN

目次

解説　文化がどのように変化していくのかを60年代をケースにたどった名著
W・デーヴィッド・マークス　III

序文　流行はどこからやって来るのか？　XVII

1章　戦前――ダンディ、耽美主義者、ボヘミアン　1

2章　セシル・ジーとチャリング・クロス・ストリート――ファッションを生み出した男　22

3章　ニュー・エドワーディアン――過去への回帰　33

4章　テッズ――ティーンエイジ・カルトの誕生　45
5章　サヴィル・ロウとメイン・ストリート――おしゃれに見えすぎてはいけない　60
6章　イタリアン・ルックとカジュアルウェア――黄色い靴下はもう流行《イン》じゃありません　72
7章　チェルシー――ファッションの中心地への歩み　92
8章　カーナビー・ストリート――ブティックの誕生とビートルズ　104
9章　ハーディ・エイミスとピエール・カルダン　129
10章　モッズ――カルトから流行へ、そして……　141
11章　長髪とミック・ジャガー　158
12章　ダンディたち――上流階級の新しいエリート主義　169

13章　〝男性ファッション〟の登場　182
14章　大衆向けファッション――変化はチェーン・ストアから　202
15章　カーナビー・ストリートの現在――観光客のほかにだれが買う？　211
16章　ヒッピー――カルトからビジネスへ　225
17章　デザイナー――現代のまじない師たち　244
18章　英国のヒッピー――アメリカ人による模倣の模倣　257
19章　キングス・ロード――洗練された観光地として　264
20章　マイケル・フィッシュの影響――最後のスウィンギング・ロンドン　271
21章　スキンヘッド――労働者階級の反動的ファッション　299

22章 緊縮――無意識に変化する人々 307
23章 サヴィル・ロウの現在――消えゆく職人たち 317
24章 新しいスーツを買うたびに 329
索引 339

※原注以外の注釈、本文中〔 〕は訳者注釈。

序文　流行はどこからやって来るのか？

本文に入る前に、これがなんの本で、なんの本じゃないのかを説明しておく必要があるだろう。

なんの本かというといたって簡単な話で、英国男性のファッションと、それが第2次世界大戦以降どう変化してきたか、そしてその変化の理由はなんなのか。じゃあなんの本じゃないのかというと、というかとくにページを割いていないのは、陳腐さを過度にアピールしたキャンプなファッションだ。

いいかえると、あらゆるレヴェルの衣服をあつかっているということだ。カーナビー・ストリートとキングズ・ロードはもちろんだが、サヴィル・ロウとジャーミン・ストリート、大衆向けのメイン・ストリート、セシル・ジーによる40年代のアメリカン・ルック、50年代のイタリアン・ルック、上流階級のあいだで起こった60年代初頭のダンディ・リヴァイヴァル、テディ・ボーイとモッズとロッカーズ、ヒッピーとスキンヘッド、ハーディ・エイミスとマイケル・フィッシュ、ジョン・マイケル・イングラムとミスター・フリーダム、かと思うとバートンとヘップワース、そしてそのすべてがフランス、イタリア、アメリカの状況という、外部からの影響をどう受けてきたかについても取り上げている。衣服をデザインした人々、売ってきた人々、着用してきた人々も、それとほぼ同じくらい重要なテーマだ。

するとすぐさまこんな疑問が湧いてくる。わざわざ本を書くほどのことなのか？　セクシーなものにせよ、没個性的なものにせよ、けばけばしいものにせよ、地味なものにせよ、男がなにを着ているかによって、いちいち騒ぎ立てるようなことがあるんだろうか？　本を書くのはもちろんだが、それ以前にそういう考えを持つこと自体、頽廃が極まりつつあることの兆しではないのか？

そうした疑問に対する答えは、むろん、イエスだ。そう、これっぽっちも重要じゃない。流行に夢中な男性が着飾ったり、身づくろいしたりしている姿はたしかに滑稽だ。それにファッションの狂信的な信奉者が、あらゆる種類の使徒のなかで、とりわけ退屈な人種なのもまちがいない。

だが服装が存在するのは、ファッションを超えた別の次元だ。それ自体は些末でも、決して無意味なものではない。人の好みのどんな分野にも増して、それは自己の表明なのだ――自己イメージ、すなわち自分をどう見て、他人からどう見られたがっているかを、入り組んだ形で表現したもの。どんな服装も人が自分自身に抱く夢をあらわしているし、それはさえない服装と、華美な服装の両方に当てはまる。

そのため**革新的な服装が登場するのは、人々の自己認識に大きな変動が起こった時期**に限られる。そして第2次世界大戦以降、男性の衣服のなにが変わり、なにが変わっていないのかを正確にたどっていけば、英国人男性全般のなにが変わり、なにが変わっていないのかを側面から描き出せるんじゃないかというのがぼくの考えだ。

早めに断っておきたいのだが、こうした衣服の変動は、マスコミがいうほど劇的なものではないし、千年に一度の物語が読みたいということなら、さっさとこの本を閉じたほうが賢明だろう。たしかにこの何年か、ファッション・ページには〝革命〟や〝ピーコック・ルネッサンス〟の記事がありあまるほど掲載されている。だがファッション・ページはマイナーなトレンドのごく一部をあつかっているだけで、全体としての英国とはなんの関わりもない。チェルシーやケンジントンを遠く離れたマンチェスター、グラスゴー、あるいはリーズの街頭では、派手な服装に対する志向は散発的でペースが遅く、ほどんと目にできないといっていいほどだ。

たとえばテーラーのエリック・ジョイは、次のように語る。「裁断師をはじめた50

年代のはじめ、うちのいちばんの売れすじは、灰色か濃紺で3つボタンのシングル・スーツだった。10年後もそれは変わらなかったし、今もやはり変わっていない。1980年になっても、きっと変わりはないだろう」

その背景にはメンズ・スーツの3分の2が3つの巨大なテーラー・チェーン、バートン、ヘップワースとアソシエイテッド・テイラーズ（ネヴィル・リードとジョン・テンプル）によって売られ、残りのかなりな部分もホーン、アレクサンダー、ジョン・コリアー、ダンといった同路線のチェーンが飲みこんでいるという、いたってシンプルな現実がある。ハイ・ファッションは多めに見ても、全メンズウェア市場の5パーセントを占めるにすぎない。

だからといってぼくは、この本が無意味だとは思っていない。たとえ地震はまだ起きていなくても、このところの地面の揺れは、じゅうぶん考慮に値するものだ。革命は起きていなくても、その代わりに1945年にまでさかのぼり、今ようやくまとまった前向きの力になろうとしている進歩と後退、小さな解放と反動の複雑な図式は存在する。これまでのところ、進歩はハイ・ファッションの世界に限定されてきたが、この2年のあいだにようやく一般市場にも広がりはじめた。巨大なメーカーは次々に自分たちの立ち位置を再考しはじめ、暫定的とはいえ、前に進む取り組みをはじめている。業界の最大手で、同時にもっとも面白味のないバートンまでもが、イメージの刷新に取りかかっているのだ。

こうなると革命だ革命だと騒ぎ立てる声にも、それなりに意味が生じてくる。男性ファッションが史上はじめて、アリシューザ*でカンパリソーダをする、シックな金持ち人種だけのものではなくなるのかもしれないのだ。

この本はそのうえで、視野をもっと広く取っている。これはムーヴメントではなくムーヴメントのルーツ、変化ではなく変化を先取りした人々の本だ。ひとことでいうと、はじまりについての。

ついでにぼくは前もって、いくつかいいわけというか正当化をしておきたい。

1．書いてあるのはおもにロンドンのことだが、それは単純に大きな革新のほとんどが、まずここで起こってから、5年後、場合によっては10年後になって、ようやく周辺に広がっているからだ。乱暴ないいかたをすると、服装はロンドンなのである――ビートルズの台頭によって、世界的なティーンエイジ神話の中心地となった60年代初頭のリヴァプールですら、ロンドンではとっくに流行遅れになった服装が通用していた。そのためロンドン以外の地域全般での動きに触れることはあっても、くり

*アリシューザ
1967年にキングス・ロードで開店した会員制のクラブ。ビートルズが立ち上げたアップル・テーラリングの発足パーティーはここで開かれた。

返しを避けるために、たとえばリーズ、クラスゴー、カーディフといった個々の街には触れていない。

2．ぼくがインタヴューした人々の一部は、富、あるいは名声が理由で、世間一般の動向とはかけ離れた暮らしを送っている。これはぼくがエリート主義に染まっているせいではなく、やがて一般に広まるスタイルやスタンスを、最初に採り入れたのがそうした人々だったからだ。いくつかの章でティーンエイジャー間のブームに触れたり、全体的に若者を重視したりしているのも、それとほぼ同じ理由による。

3．今一度この本は、ピカピカの紙を使った雑誌のいうファッションではなく、服装をあつかっていることを強調しておきたい。そのため流行したすべてのスタイルを取り上げるようなことはしなかった。そうすると全体的な流れが損なわれ、中途半端に完璧を期した本になる恐れがあったからだ。さいわい人気を博したファッションの大部分は、うまくこの本の流れに収まってくれたものの、足りない部分があるのはまちがいない。

1章　戦前——ダンディ、耽美主義者、ボヘミアン

英国の近代的なメンズウェアは、*伊達男《ボー》ブランメルからスタートする。むろんこれは大雑把すぎるまとめだが、それでも本質的には正しいし、もし男性の服装にそれ以降、なにが起こってきたかを理解したければ、まず第一にブランメルの真の意義を理解しておく必要がある。

彼のイメージは一貫して、とにかくど派手な男というものだ——フリルやお飾りだらけの服を着て、永遠に身づくろいをしている元祖*ピーコック族。だがブランメルは実のところ、これっぽっちもそんな男じゃない。むしろ服装に関してはピューリタン的なスタンスを取り、エレガントな男は透明人間も同然であるべきだと考えていた。「もし典型的英国人《ジョン・ブル》がわざわざこっちをふり返ったとしたら、その着こなしは褒められたものではない」と彼は語っている。「それはあまりにも堅苦しいか、あまりにも

*ボー・ブランメル
George Bryan Brummell（1778～1840）平民の身でありながら、そのみごとな身だしなみと立ち居振る舞いによって社交界の寵児となり、摂政皇太子（のちのジョージⅣ世）にも重用された元祖ダンディ。

*ピーコック族
孔雀のように派手な衣服で異性の関心を惹こうとする男性のこと。1967年にアメリカのディヒター博士が、男性の服装にも色彩を採り入れるべきだと主張して〝ピーコック革命〟注目を浴びた。

窮屈か、あまりにも流行を追ってるかのいずれかなのだ」

　ブランメルが誤解されてきたのは、端的にいうと、彼と結びつけられることの多い〝ダンディズム〟という言葉が、まったく誤った意味で用いられるようになってしまったせいだ。一般的にそれは、見せびらかしや自己顕示欲を示すものとされている。だが実際には完璧主義という意味しかない。ダンディは気を遣う――だがこれ見よがしな真似はしないのだ。

　こうした混乱が起きるのも無理はない。ブランメルの肖像を今の目で見ると、おそろしく派手に思えるからだ。しかしブランメルの現役時代、彼のダンディズムは、度を超してめかしこんでいた18世紀の伊達男やしゃれ者《マカロニ》に対する徹底した反発だった。彼らの基準からすると、ブランメルの生み出したスタイルはなんともストイックで、ほとんどファッションの放棄に近かったのだ。ブランメルがその全盛期（１７９９年～１８１０年）に生み出した基準――小ぎれいさ、シンプルさ、そしてどんな時も的確であること――は、ほぼ１５０年にわたってずっと不変のままだった。

　しかしブランメルと後続の世代のあいだには、ひとつ、大きなへだたりがある――当のブランメルは、ひどくこだわりが強かったことだ。思慮深さを重視しつつも、非の打ちどころがなくなるまで、一点一点のディテールを整えることに激しい情熱を注ぎ、毎朝、20本のクラヴァット*をためしては捨て去ることも辞さなかった。

　彼の後継者たちは、そうした側面を無視してかかった――控えめなスタイルへの偏愛だけを受け継ぎ、服装そのものに対する愛情は捨て去ってしまったのだ。年月をへるうちに、それは単なる自制の心得から公然たる敵意と化し、ついには服装に気を遣うのが不面目な行為で、そこに手を加えようとするのは下劣だとする伝統ができあがってしまう。

　その主な理由は、ブランメルの全盛時代を通じて、男性の服装がジェイムズ・レイヴァー*のいう家父長的な原理に支配されていたことだ。いいかえると若者は、父親をコピーしていたのである。逆らうこともなければ、自分たちで新たな基準を打ち出すこともない。道徳面でも趣味の面でも、彼らは可能な限り父親の価値観を遵守した。これは1939年までの彼らが、紳士になろうとしていたことを意味した。

　ヴィクトリア朝時代、そしてその後の数十年を通じて、なによりも優先されたのがこれだった――美しさや面白さやきらびやかさ、そしてセクシーさや独創性はいっさい無視し、ひたすら規則に従うこと。行儀よくしてさえいれば、合格だった。

　これはおのずと服装にも反映された。歴史上ほぼはじめて、**服装は他人を惹きつけたり、魅了したりする手段ではなくなった。**それは〝わたしは男だ〟ではなく、〝わ

＊クラヴァット
フランスで生まれたネクタイの原型。英国には17世紀中盤に伝わった。

＊ジェイムズ・レイヴァー
原注：James Laver　ファッションの歴史と理論をもっと詳しく知りたいという向きには、レイヴァーの本が大いに役立ってくれるだろう。とくにこの文脈では、『Dandies』(Weidenfeld and Nicholson, 1968) がお薦めだ。

たしは紳士だ〟という宣言と化していたのだ。

そうした空気のなかで、多様性には当然のように白い目が向けられ、世代を重ねていくうちに、まっとうな男の服装はますます窮屈なルールに縛られるようになった。

ヴィクトリア朝時代の男にはまだ、ある程度の自由が許されていた。たとえば*ジョーゼフ・チェンバレンや*ランドルフ・チャーチル卿のような人物は生粋のダンディで、フォーマルな服装をしつつも、履き物やクラヴァットには凝りまくっていた。また1880年代にははっきりとした揺りもどしが起こり、あざやかな色合いや派手なパターンのツイードが復活を遂げた。ただしそれはあくまでも、カントリーウェアに限った話だった。街の紳士たちは依然として、小ぎれいながら控えめな服装をしていた。

新たな世紀を迎えると、ちょっとした実験ですらタブーとなる。フロックコート、クラヴァット、そしてボタンブーツに代表されるヴィクトリア朝時代のエレガンスは、没個性化にその座を譲った。スタイルや仕立てや生地は標準化され、すべての衣類が一様に灰色になってしまったのだ。そして1930年代に入ると、かすかにドレッシーな気配を見せただけで、疑いの目が向けられるようになった。

その好例が*ウィンストン・チャーチルだ。若かりしころの彼は自他ともに認めるダンディで、やがてその情熱は薄れるものの、生涯を通じてオリジナルでありつづけた。

*ジョーゼフ・チェンバレン Joseph Chamberlain（1836～1914）〝社会帝国主義〟の政治家で、自由党、保守党内閣の要職を務めた。

*ランドルフ・チャーチル卿 Lord Randolph Henry Spencer-Churchill（1849～1895）ウィンストン・チャーチルの父親。保守党の内閣で、インド大臣、大蔵大臣を務めた。

*ウィンストン・チャーチル Sir Winston Leonard Spencer-Churchill（1874～1965）英国の第61代、63代首相。対独戦争中の1940年に初就任するが、その時期も防空壕用のつなぎ（〝サイレン・スーツ〟）をサヴィル・ロウで仕立てるほどの洒落者だった。文筆家としても知られ（1953年にノー

その証拠がたとえばサイレン・スーツであり、*ピクウィック・ハットであり、毛皮をあしらったダッフルコートだ。いわゆる洗練とはほど遠いが、変わり種だったのはまちがいなく、1940年までのチャーチルは、そのせいで大いに嫌われていた。むろん、彼が嫌われ、不信感を抱かれていた理由はそれだけではない。それでも*チップス・シャノンの日記を読むと、服装面での奇矯さが、彼に反感を抱く決定的な理由のひとつに挙げられている。

こうしたすべての背景には、肉体に対する恐怖心がある。ブランメルと彼の子孫たちのあいだに、最大のちがいがあるのもそこだ。彼の独自のスタイルは、ナルシズムに根ざしていた。ところがヴィクトリア人たちは、身体を恥ずべきものと考えた。衣服は次第に着る者の体型や性的嗜好をカモフラージュする、変装の道具と化していった。とくに重要だったのがゆったりとしたつくりで、ジャケットはだらりと吊り下がってひだをつくり、ズボンはお尻の下でゾウの脚のようにしわしわになっていた。

といって服装が重視されていなかったわけではない。それどころかおそらく今日以上に大きな意味を持っていた。自己表現の余地が少ないぶんだけ、ディテールのひとつひとつが、多くを物語るようになっていたのだ。

70年代の今は着飾る人間が多いおかげで、シグナルとしての効果が薄れている。フ

ベル文学賞を受賞）、ポール・マッカートニーは少年時代のジョン・レノン（ミドル・ネームは〝ウィンストン〟）の書架にチャーチルの全集が並んでいたと回想している。

*ピクウィック・ハット　古風な山高帽。名前はディケンズの小説『ピクウィック・ペーパーズ』に由来する。

*チップス・シャノン　原注：Chips Channon　長年、サウスエンド選出の保守党国会議員を務め、それ以上にロンドン最後の偉大なホスト兼策士として名を馳せた彼は、アメリカ人として生まれ、だが当時のどんな英国人にも増して、英国貴族の俗物ぶりを模倣するのが上手かった。彼の日記（Weidenfeld and Nicholson, 1967）は、戦前における〝スマート〟な態度のなんたるかを教えてくれる決定的な文献だ。

リルのシャツやぴっちりしたズボン姿の男が入ってきても、それはほとんどなんの意味も持たない。しかし反ファッションの時代には、ブーツのスタイルやシャツのカラーだけで、その男の素性を正確に知ることができた――社会的な背景も、気性も、野心もすべて。仕立屋の名前を訊ねるのが、当時としてはほぼ最大限のお世辞だったのである。

誇張のように聞こえるかもしれない。だがアントニー・ポウエル*の長編シリーズ『ミュージック・オブ・タイム』を読めば、それだけで服装の重要さがわかる。小説としての価値は別としても、このシリーズには大戦間の中流階級、上流階級、そしてボヘミアンの暮らしが正確に記録され、なかでも登場人物の服装描写が、その人となりを伝える主要な手段となっている。

その厳密さはおそろしいほどだ。人々の個性はネクタイのパターンやズボンの幅で表現され、主人公のひとりであるピーター・テンプラーは、「おしゃれすぎるという印象を、いつもかすかに漂わせている」せいで、くり返しこき下ろされる。

〝おしゃれすぎる〟とはまさしく正鵠を得た表現だ。たしかに正確さは必要だが、それは本能的な、生まれつきのものでなければならない。努力は不作法なのだから、がんばってはならず、実際にはその逆を行って、努力しないように努力しなければなら

*アントニー・ポウエル
Anthony Dymoke Powell（１９０５～２０００）上流階級の生活を風刺した作風で知られる作家。『ミュージック・オブ・タイム』（未訳）は１９５１年から１９７５年にわたって書き継がれた全12巻の大河小説。

ないのだ。新しいスーツを買っても、新しく見えてはならない。折り目がナイフのように鋭いときは、少し伸ばしてやる必要があるし、そうしないと成り上がり者と思われてしまう。「とてもきちんとしている」と「ザ・タイムズ」紙はレックス・ハリスン*を評したが、それは中傷を意味していた。

というわけで真相はこうなる。服装に意味がなかったわけじゃない。単にその意味が、異なる前提で表現されていただけなのだ。ボー・ブランメル以前、それは視覚的なインパクトで判断されていた――見てくれがよければ、それでいい。だが今度はそれが、まず**第一に妥当性、そして第二につくりの良し悪しで判断されるようになったのである。**そこに美学の出る幕はない。重要なのは着心地と仕上がりだった。

どの世代にも例外は否応なく存在する。衣服を自己表現のために用いる、エキセントリックな少数派だ。そうした人種は大きく3つのカテゴリーに分類された――ダンディ、耽美主義者、そしてボヘミアンである。

このなかで社会的にもっとも有力だったのがダンディだ。生まれながらにしての紳士で、気性は基本的に折り目正しく、たいていの場合は異性愛者だった。服装に関心がある点をのぞくと、いたってノーマルな男性が大半を占め、おかげで不信の目で見られることはあっても、完全に村八分にされることはなかった。

*レックス・ハリスン Rex Harrison（1908～1990）上品で洗練された役柄を得意としていた英国人俳優。1964年の映画『マイ・フェア・レディ』では、舞台版での当たり役だったヒギンズ教授を演じてアカデミー主演男優賞を受賞した。

ブランメルの衣鉢を継ぐ彼らは、決して斬新さに走らず、欠点がないことに心を砕きながら、鏡をじっと見つめるきらいがあった。時には新機軸を打ち出すこともあり、本業で有名な人物がそうした場合には、そのスタイルが広く採り入れられることもあった。たとえばジョーゼフ・チェンバレンはゆるく結んだネクタイをリングに通すスタイルを考案し、これは10年ほど流行した。

ダンディのなかでもとりわけ熱心で、とりわけ敬愛されていた人々のなかには、小説家のエドワード・ブルワー＝リットン*、アルフレッド・ドルセー*、そして少なくとも青年時代のディズレーリ*らがいるが、影響力という点では、エドワードⅦ世*とその孫のエドワードⅧ世にとても太刀打ちできなかった。全生活を捧げていたわけではないという意味で、2人のエドワードは純粋なダンディではなかったものの、当時の基準からするとかなりのがんばりを見せ、想像力も豊かで、新たなスタイルをスタートさせた。またほかのダンディと異なり、彼らは金持ちのファッショナブルな人々以外にも目を向けていた。

王族だった彼らのスタイルは、いたるところでコピーされた。彼らの着るものはことごとくサヴィル・ロウに採り入れられ、その後、一般の店や大衆市場全般に広まった。そのため彼らの影響は中流階級全体におよび、通常は生活に追われ、ファッショ

＊エドワード・ブルワー＝リットン
Edward George Earle Lytton Bulwer-Lytton（1803〜1873）英国の小説家、劇作家、政治家、貴族。代表作は『ポンペイ最後の日』。「ペンは剣よりも強し」というフレーズを生んだ人物でもある。

＊アルフレッド・ドルセー
Alfred d'Orsay（1801〜1852）ボー・ブランメルに次ぐダンディとして知られるフランス人貴族で、香水メーカー、パルファンドルセーパリの創業者。

＊ディズレーリ
Benjamin Disraeli（1804〜1881）英国の政治家、小説家、貴族。2期にわたって首相を務めた。

＊エドワードⅦ世
Edward Ⅶ（1841〜1910）英国国王。即位前は放蕩者として知られ、将来を不安視されていたが、即位後は外交面を中心に活躍し

ンのことなど考えている暇がない労働者階級にまで浸透していた。

当時の彼らはどちらも、イギリスばかりかヨーロッパ全域における男性ファッションの絶対的な権威で、エドワードⅧ世の場合、威光はアメリカにまでおよんでいた。優れた服装センスのお手本という、不相応な評価を英国男性が世界的に得ることができたのも、もっぱら彼らのおかげだった。

エドワードⅦ世はイギリスにホンブルグ帽を持ちこんだ張本人だった。ダブルのジャケット、山高帽、折り目のついたズボン、そしてもちろん、＊プリンス・オブ・ウェールズ・チェックの人気に火をつけたのも彼だ。

そんな彼ですら、孫を前にすると影が霞んでしまう。まだ皇太子だった20年代、30年代を通じて、エドワード・ウィンザーは次から次へと新たなファッションをスタートさせた――フェアアイル・セーター、ネクタイのウィンザー・ノット、ディナー・スーツに合わせた白のヴェスト、アメリカの細身のズボン。そして彼はそのすべてを、完璧な優雅さで着こなした。細部にこだわりつつもナルシズムとは縁がなく、フォーマルでありながらも堅苦しくない。彼はほぼ独力で、どん底まで落ちこんでいた英国のメンズウェアに個性を取りもどした。以来、彼に比肩する男は――近づける男ですら――だれひとりあらわれていない。

（〝ピースメーカー〟の異名を取る）、有能ぶりを強く印象づけた。

＊エドワードⅧ世
Edward VIII（1894～1972）　英国国王。1936年1月20日に即位するが、アメリカ人女性のウォリス・シンプソンと結婚するために、わずか325日で退位した。

＊プリンス・オブ・ウェールズ・チェック
大柄のグレン・チェック。〝プリンス・オブ・ウェールズ〟は英国皇太子の別称。

耽美主義者はまたまったく別の人種だ。ダンディと異なり、俗物的で没個性的と見なしていた社会の主流派からは意図的に自分たちを切り離し、ショックを与えることを主要な武器にしていた。同性愛者であることが多く、仕草や声や服装の面で、念入りに自分たちを装った。肉体的な美しさや異国趣味、スタイルの細部——こうしたもろもろがこだわりの対象となり、ウィットがなにより優先され、退屈が唯一の罪とされた。

だが実際にはこれが、大量の気取りとお高い態度を生み出すことになる。とはいえその埋め合わせもあった——自分たちの衣服に直感と大胆さを持ちこみ、シルクやヴェルヴェットのような生地、そしてより明るい色合いや流れるような形状を用いていたのは、何十年もずっと、耽美主義者だけだったのだ。

彼らが全盛期を迎えたのは、オスカー・ワイルド*とブロケード*のヴェスト、そして銀柄の杖の時代だった1880年代のことだ。それ以降はおもにオックスフォードとケンブリッジで生き延び、とりわけ1920年代には強い勢力を誇っていた。そんな彼らをイーヴリン・ウォー*が取り上げた『ブライズヘッドふたたび』では、破滅型の美しいヒーロー、セバスチャン・フライトが紫がかった灰色のフランネル、白のクレープ・デ・シン、それに郵便切手の模様をあしらったシャルベのネクタイという出で

*オスカー・ワイルド
Oscar Fingal O'Flahertie Wills Wilde（1854～1900）アイルランド出身の作家、詩人、劇作家。退廃的な作風で知られ、男色の罪で投獄されたのち、失意のうちに亡くなった。代表作に「幸福な王子」、「ドリアン・グレイの肖像」ほかがある。

*ブロケード
色糸を使って模様を浮き立たせた織物。

*イーヴリン・ウォー
Arthur Evelyn St. John Waugh（1903～1966）辛辣な風刺とブラック・ユーモアで知られるカトリック作家。『ブライズヘッドふたたび』は代表作のひとつで、生真面目なチャールズ・

立ちで初登場を果たす。

ケンブリッジからは、1920年代の初頭に写真家、デザイナー、作家、そして趣味のよしあしの鑑定家たるセシル・ビートン*が登場した。エドワード・ウィンザーが貴族階級のベストドレッサーになったのと同様、ビートンは耽美主義者のベストドレッサーになった。

学生時代のビートンは品行がよろしくなく、ラグビーの選手に池に投げこまれたり、ズボンを脱がされたりするタイプだった。当時の彼は赤いネクタイに金色のジャケット、そしてフライトと同じように、紫がかった灰色のフランネルを身に着けていた。スーツは袖が細くカットされ、袖口と脇が防水シートのようにひらめく代わりにぴったりと締まっていたが、それだけのことで彼は冷やかされ、ケンブリッジのどこを歩いてもヤジを浴びせられる羽目になった。

大学を出て成功を収めてからもなお、彼はスキャンダラスな存在と見なされていた。そして当人も実際に、行きすぎた真似をすることがあった。たとえば30年代の初頭にはチロル好きが高じ、農夫風のブラウスとレーダーホーゼン*姿で目撃されている。

だがそれは田舎での話だった。ロンドンでのビートンは、ご多分にもれずスーツを着用した。ただしそのスーツは彼に、ぴったりとフィットしていた。「問題になった

ライダーと奔放なセバスチャン・フライトの友情を軸に、ある貴族一家の崩壊を描いている。

＊セシル・ビートン
Sir Cecil Walter Hardy Beaton（1904～1980）
第2次世界大戦前からファッション写真やポートレートで活躍していたカメラマン。衣裳デザイナーとしても知られ、1958年の『恋の手ほどき』、1964年の『マイ・フェア・レディ』で2度にわたりアカデミー衣裳デザイン賞を受賞した（『マイ・フェア～』では美術賞も）。

＊レーダーホーゼン
肩ひものついた革製の半ズボン。

のは、実際に着ていた服というより彼の態度だ」とカメラマンのノーマン・パーキン*ソンは語る。「自分の見てくれに気を遣い、そのために手間をかけていることがはっきりと伝わってきて、そこを世間は嫌ったんだ」

転機が訪れたのは1930年代の中期、まずはエドワードⅧ世とシンプソン夫人、次いでジョージⅥ世とエリザベス女王*が彼に、写真の撮影を依頼したときのことだ。当初、この起用は大いに批判され、ビートンはいっそう嫌われ者になった。だが時を重ねても生き残り、そのうちにある程度受け入れられるようになる。むろん、彼は紳士ではなかったし、そうなるつもりもなかった。だがもう池に投げこまれる心配はなくなっていたのである。戦後の彼は長年にわたってこの国のファッション、そしてファッショナブルな世界を象徴する、名物男的な存在となった。

当時も今も、彼は先駆者だった。一部の界隈では彼をおべっか使い、あるいは単なる流行の仕掛け人《トレンドセッター》として斬り捨てるのが流行となっているが、その見方が誤っていることは、彼の服装が証明している。**世間の反応を無視して自分の好きな服を着た男は彼がほぼはじめて**といってよく、そのためにはまちがいなく勇気と頑固さが必要とされた。「彼は自分のやりたいようにやったんだ、そうだろ?」とデイヴィッド・ベイ*リーは語っている。スマートなロンドンが着飾りはじめた60年代、ビートンが一種の

*ノーマン・パーキンソン
Norman Parkinson（1913〜1990）英国を代表するファッション・カメラマンのひとり。スタジオでの静止ポーズが中心だった戦前のファッション写真に、屋外での撮影や動きのあるポーズといった新機軸を採り入れた。戦後はおもにアメリカの「ヴォーグ」誌で活躍。

*エリザベス女王
Elizabeth II（1926〜）94歳の現在も精力的に公務をこなす英国女王。2015年に在位期間がヴィクトリア女王を抜き、それ以降は英国君主の在位最長記録を更新しつづけている。

*デイヴィッド・ベイリー
David Bailey（1938〜）戦後の英国を代表するファッション・カメラマン。196

父親代わり的な役目を割り当てられたのも、それが理由になっていた。

　ボヘミアンもやはり主流派とは一線を画していたが、そのスタイルは大きく異なる。耽美主義者の目標は、熱に浮かされたようなデカダンスをきわめることだった。対してボヘミアンの思い描く理想像は、屋根裏部屋で飢えに苦しみながら、自分の魂を作品にぶつける画家、あるいは地下室でパンフレットを手書きし、手製の爆弾をつくる革命家だったのである。

　こうした明らかにくそ真面目なスタンスからすると、着飾るなどというのはとうてい考えられない、見当ちがいで軽薄な行為だった。そのためボヘミアンは精緻さにこだわっていた耽美主義者の対極に走り、みすぼらしさを志向した。大いなる決意とともに、彼らは薄汚さを追求し、おしゃれを否定するスタイルを築いた——頬ひげにサンダル、汚れた爪、継ぎをあてたぶかぶかのズボン。

　アプローチにこれだけ大きなへだだりがありながら、ふたつの動き——耽美主義者とボヘミアン——には共通点が多かった。どちらも主流派への服従をはねつけようとする取り組みだった。どちらも標準的なユニフォームを打ち捨てることで、自分たちの姿勢を表明していた。そしてどちらもそれに負けず劣らず堅苦しい、新たなユニフォームを即座に採り入れたのである。

0年に英国版「ヴォーグ」誌と契約、同時にフリーランスでも活躍し、〝スウィンギング・ロンドン〟の立役者となる。ミケランジェロ・アントニオーニの映画『欲望』（1966）は、そんな彼のライフスタイルをヒントにした作品。

むろん、これは珍しいことではない。服装はひとつの声明だが、オリジナルな声明を出す人間の数はひどく限られてしまうため、どれだけアナーキーな意図を持っていようと、すべての服装が楽なパターンに収まってしまうのは避けようのないことなのだ。と同時に服装はひどく大雑把なため――言葉よりずっと繊細さや柔軟性に欠ける――複雑なメッセージは伝えられない。できるのはそれを漫画の吹き出し、あるいはスローガンのような要約として使うことだけだ。

それゆえ耽美主義者もボヘミアンも、その意味では敵たちと同様に標準化されている。じゃあなにが新しかったのかというと、彼らが衣服を意思表示として用いたことだ。だれもが衣服を隠れ蓑として用い、〝わたしも一緒です〟と宣言していたのに対し、彼らは衣服を目立つために用い、〝わたしは変わっている、わたしはちがう〟と公言していたのである。

1971年の現在、ファッションを支えているのが後者の態度であることはいうまでもない。そしてそれはこのふたつの流派が、戦後、結びつきをますます強めてきたことの理由ともなっている――耽美主義者とボヘミアンは切っても切れない関係となり、かくして2本角の怪物が誕生した。

1939年まで、このふたつの動きはずっと、かなり小規模なままだった。両方を合わせても、総数はせいぜい数千人程度。だがそれははじまりであり、30年代を通じて勢いを増しつづけていた。

20年代にはすでに、その予兆があらわれていた。とくに大きかったのがオックスフォード・バッグズというテントのようなズボンの流行で、これは若者が大人の服から脱却する、最初期の事例となる。ほかにもスエードの靴、カラー・ネクタイ、スポーティーなブレザーの流行があった。冒険への気運は高まっていた。

現在の基準からすると、さほど驚くようなものではない。だがまちがいなく指針にはなった。数人の学生がカラー・ネクタイをつけはじめ、数人のイートン校生がエドワード朝時代の華美なヴェストを復活させ、数人のソーホーのおかま《クイーン》が髪を肩まで長く伸ばした。

つねに楽な道のりだったわけではない。1933年にはオックスフォードなまりのハンサムな若者だったぼくの父親が、濃い緑色のシャツにサンダルという出で立ちをしていたせいで、コヴェントリー・ストリートのライオンズ・コーナー・ハウスから閉め出しを食らってしまう。「おまえのような輩はお呼びじゃない」とドアマンに告げられた父親は、すごすごと退散した。彼は永遠の殉教者だった。

さらに重要だったのは、その2年後、ノーマン・パーキンソンが血のように赤いハリスツイードのマキシコート姿で目撃されたことだ。足首までの長さがあるコートは激しくけば立ち、羊のおしっこの臭いをぷんぷんさせていた。当時の彼はそのおかげで笑いものにされていたが、今の目でふり返ってみると、それは英雄的な行為だった。

パーキンソンの重要な点、興味をそそる存在にしていたポイントは、彼がおかまでも飢えた芸術家でもなかったことだ。ウエストミンスター校の出身で、軍隊風のいかめしい口ひげをはやし、言葉づかいもいたってきちんとしていた。血のように赤いマキシコートを着ていなければ、インド軍の将校でも通っただろう。それなのに彼は派手な服装に身を包んでメイフェアを練り歩き、生活のためにスナップ写真を撮っていた。彼のような氏素性の人間がそういう真似をするのは、その10年前ならばほとんど考えられないほど画期的で、驚くべきことだったのである。

第1次世界大戦は、上流階級をてっぺんに置き、中産階級をその下、そして労働者階級には居場所すら与えない、ヴィクトリア朝時代のほぼつけいる隙がないほど強固な構造を根底からくつがえしていた。だが古いパターンに取って代わるものはまだ存在せず、新たな確信を与えてくれるものもなかった。しばらくはなにもかもが不安定だった。大恐慌、スペイン内戦、迫り来る世界大戦——そのすべてが、漠然とした混乱の意識を強めた。**古い時代が終わろうとしているのに、新しい時代の準備はまだ**

整っていない。そうした混乱の影響は、服装にも否応なくあらわれた。

とはいえ誇張に走るのは禁物だ。解放に向けた動きがあったとしても、それはまだひどくおぼつかないもので、マイノリティ中のマイノリティしか参加していなかった——あちこちに散らばっていた次男坊や、おかまや、アーティストたちである。

そしてそれこそが遅まきながら、戦前の男性ファッションに関していっておかなければならない、もっとも基本的なポイントなのだ。つまりファッションは、上流階級のエリートだけに限定されていたのである。それよりも下の階層に、ファッションは存在しない——ただ服があるだけだった。

メンズウェアの商いは、モンタギュー・バートンやヘップワースのような巨大テーラー・チェーンや、マークス＆スペンサーのような同様に大規模な総合衣料チェーンの寡占状態だった。こうした店が北部のヨークシャーやランカシャーに建てた工場は、監獄のような見てくれで、ダンディズムや耽美主義の出る幕はなかった。それはひとことでいって産業であり、そこでの支配的な価値観は利益だった。

こうしたチェーン店を起業したり、発展させていったりしたのは、多くの場合、英国人ではなかった。「周辺にいたやり手、つまりユダヤ人の移民たちは、外から来たおかげで、英国人のすべてを見て取ることができました」とバートン・グループの現営業部長、ピーター・ゴーブは語る。「ひと言でいうと紳士気取り《スノビズム》です。だれもが紳士のような見てくれを望んでいました」

テーラー・チェーンはそのために、英国人のベーシックなスーツをつくり出した。それはこれといって特徴はないものの、とくに見苦しくもないダーク・グレイのスーツで、派手さとは無縁だが、ルールには即していた。「英国の男性は、つねにビクビクしていました」とゴーブ。「スーツを買いに行ったときのアプローチは、完全にうしろ向きだったんです。目立ったり、はしゃいでいるような印象を与えたりするのは禁物で、とにかく馬鹿みたいに見えなければそれでいい、という。ですからチェーン店ならその点で、安心ができたんですよ」

スノビズムという視点からすると、テーラー・チェーンにはひとつの大きな利点があった。そうした店のスーツも一応はオーダー仕立てだったため、顧客はフルオーダー仕立てならではの虚栄心を、通常のフルオーダーより安い価格で満たすことができたのである。しかも彼らのスーツは持ちがよく、常識のシンボル的な意味合いを持っていた。「バートンのスーツを買うということは」とゴーブ。「基本的に〝わたしは普通の男です〟と宣言するようなものでした。そしてそれこそ、大半の英国男性が心から望んでいたことだったんです」

店と店のちがいを外見でいい当てるのは、ほぼ不可能に近かった。独自のダイナミズムが発揮されるのは――モンタギュー・バートンその人のように――ビジネス面、たとえば価格の引き下げや顧客サーヴィスの改善などに限られ、メイン・ストリートを歩いていても、ウィンドウはどれも同じに見えた。一様に灰色だったのだ。

ほかに選択肢はない。戦争が終わるまで、英国男性はユニフォームを着用していた――単純にいうとそういうことだ。どの階級と年齢層も、ほぼ例外なく紳士という打ち出しをしていた。たとえどんなに貧しくても、たとえどんなに過酷な仕事をしていても、スーツを身にまとったときの彼らは、上品になっていたのだ。

かりにその枠を破りたいと思ったとしても――実際にそんな気を起こすことはなかったが――彼らにはその財力がなかった。圧倒的大多数の人間には金銭的な余裕がなく、それ以前に金を使える店が、どこにも存在しなかった。ファッショナブルなテーラーやデザイナーが大衆を相手にしても、目くじらを立てられなくなるのはまだ先の話だったため、冒険的な衣服を手に入れること自体が、そもそも無理な相談だったのだ。この分野はチェーン店の独壇場となり、対抗馬がいないのをいいことに、彼らはえんえんと変わり映えのしない商品を機械的に送り出した――灰色のスーツと白いシャツを、来る年も来る年も、なにひとつ変えようとせずに。だれも気にせず、だれも異議を唱えようとしなかった。１９３９年まで、男性は与えられた服を無条件で受け入れていた。そしてその見返りに、匿名性を得ていたのである。

1805年に印刷されたボー・ブランメルの風刺画。現代的な紳士服の生みの親である。彼のスタイルは、18世紀の豪奢な洒落者たちに対する反発だった。

2章　セシル・ジーとチャリング・クロス・ストリート
――ファッションを生み出した男

今となってはもう、陳腐さに首までどっぷりつかることなく、戦争とその影響について書くのはほぼ不可能になっている。すでに腐るほど書きつくされているし、そこから引き出される結論も、見え透いたものになっているからだ――ぼくにはどうあがいても、独自の見解は出せそうにない。

大ざっぱにいうとポイントはこうだ。メンズウェアの復活は戦争を契機にして起こった。じゃあなぜそうなったのかというと、戦争がこの社会に、まったく新しい機動性をもたらしたからだ。人は自分が生まれついた階級に一生とどまっていなければならないという前提を、戦争は一挙に粉砕してしまう。それ以降、社会には柔軟性が備わった。

といって階級システムが、完全に息の根を絶たれたわけではないし、その問題が消えてなくなったわけでもない。しかしとりわけ若者のあいだでその束縛は弱まり、こうした緩和状態のなかから、やがては音楽、言語、服装の世界に、一連の爆発的な変化が生じることになった――**ポップ・カルチャー**である。

すでに書いたとおり、この動きは30年代にはじまっていたが、まだしずくのようなものだった。水門を開いたのは戦争で、平和がもどってくると、紳士の時代は完全に失われてしまった。

むろん、こうしたすべてがすぐさま明らかになったわけではない。終戦直後の雰囲気は、革命というより欲求不満、現状に対するやり場のない怒りを強くにじませていた。復員した若者たちは、嫌々ながら以前の暮らしを再開した。彼らは6年間という、人生のかなりの部分を無駄にしていた。そして自由になった今、彼らの身に起こったことは？　まるで戦争などなかったかのように、とことん従順なまま、以前通り生活に追われ、あくせく働くことを求められたのだ。

大多数は不満をいいつつも、その現実を受け入れた。だが少数の人々は拒み、もっと多くをほしがった。失われた時間の埋め合わせを求め、もっぱら自分を甘やかそうとした。彼らは気晴らしになることなら、文字通りどんなことにでも手を出した。

問題は、大して手を出せるものがなかったことだ。自由になる金も、新しい仕事もない。配給がつづいている限り、反逆といっても、そのスケールはごく小さいままだった。

かくして軽薄さの大ブームが起こる。抑圧されたエネルギー、無駄にされ、裏切られたことへの鬱憤はすべてレジャーに注ぎこまれた。サッカーとクリケットの観客数はけた外れに増加し、ダンスホールや劇場、映画館は満杯になった。飲酒やギャンブル、そしてそれ以上に売春業が盛んになり、配給の範囲内では、メンズウェアも実りの多い年がつづいた。

チャンスは限られていた。40年代の末から50年代の初頭を通じて、衣類はクーポンでしか購入できず、これでは闇市場を使わない限り、ダンディズムの実践は不可能だった。

同時にメーカー側も、生産量と使用できる素材の両面で厳しい制約下に置かれていた。多くの工場は完全に休業し、操業中の工場も半速状態。その結果、男性たちの多くは、いつも灰色のぱっとしない復員服で通していた。

とはいえこうした制約のなかでも、関心の高まりははっきりとうかがえた、その中心地がチャリング・クロス・ストリートで、当時、見るからにいかがわしかったこの通りには、音楽出版社やエロ本屋、安食堂、ヘルニアバンド、そしてメンズウェアの

＊セシル・ジー
Cecil Gee（１９０３〜１９６８）本名はサシャ・ゴールドスタイン（Sasha Goldstein）。10歳のころリトアニアから英国に移民し、20代でセシル・ジーと名乗りはじめる。最初の店を開いたのは１９２９年のことで、服を積み

小売店が軒を連ねていた。その一部は高圧的なことで有名な専門店、また一部は軍の放出品店だった。

この時期、軍の放出品は重要な役割を果たした。安くて持ちがよく、エレガントとはいえなくても、とりあえず飾り立てて、許せる程度の服にすることはできた。かくしてダッフルコートが人気を博し、黒か暗緑色に染め直した戦闘服も、ソーホーのクラブに群れ集まる古典的なジャズ・ファンの標準服となった。

しかしながらチャリング・クロス・ストリートの真の要《かなめ》は、英国いち派手であでやかなスーツを売っていた*セシル・ジーの店――「電撃戦《ブリッツ》が終わり、見せびらかし《リッツ》の時代がやって来た」――だった。

ジーはハットン・ガーデンの宝石商を父親に持つ40代初頭の小男で、小さな口ひげを生やし、頭の一部ははげ、眼鏡をかけていた。多くの点で、彼はユダヤ人店主の典型だった。狡猾だが明敏で、品質と利益の両方を同じくらい重んじていた。

戦前の彼はイースト・エンドに数軒の店を構え、*ジョージ・メリーが書いているように「*大枚をはたいていることを隠すのではなく見せるのをよしとする点で、前提はちがっていても、サヴィル・ロウなみに排他的な、優秀なテーラーにまつわるイースト・エンド系ユダヤ人の伝統」に属していた。

上げる代わりにはじめて吊るしで展示した革新的な店主だった。

*ジョージ・メリー
George Melly（1926～2007）　英国の評論家、作家、ブルース・シンガー。50年代はおもにトラッド・ジャズの世界で活動していたが、60年代に入ると評論家に転じ、「オブザーヴァー」紙の映画欄などを担当。70年代にはミュージシャン業に復帰し、ブルース・シンガーとして6枚のアルバムをリリースしている。

*原注：ジョージ・メリー著『反逆から様式へ―イギリス・ポップ芸術論』（The Penguin Press, 1970）。

その伝統に従って、彼は一般的なメンズウェア業者に比べると、つねにより色鮮やかで冒険的だった。30年代の初頭にはストライプのシャツやシャツコート、そして襟つきのカラー・シャツを売っていたが、これらはいずれも当時としては驚くべきファッションで、ホワイトチャペル・ロードの本店は、ロンドン全域、さらには他州からも巡礼客を引き寄せていた。

「イースト・エンドでは、日曜日がかき入れ時だった」と彼は語る。「店は遅くまで営業をつづけ、その日をねらってリーズ、シェフィールド、そしてほかにもいたるところから、人々がやって来た。リーズからの日帰り往復切符はたったの9シリングで、売れ行きは最高だった」

日曜日の休業を義務づける条例がこの流れに終止符を打ち、ショッピング・センターとしてのイースト・エンドは息の根を絶たれてしまう。しかしジーはその時すでに、ウエスト・エンドに居を移していた。１９３６年、チャリング・クロス・ストリートに店を開いた彼は、すぐさまミュージシャン相手の商売を一手に引き受けるようになり、戦争がはじまるころには、ジャック・ハイルトン*の衣裳を手がけていた。

それでもジーが真の飛躍を見せるのは、戦争が終わってからのことだ。１９４６年に彼が〝**アメリカン・ルック**〟を導入すると、数週間のうちに、店のあるブロックに

*ジャック・ハイルトン Jack Hylton（１９１７〜１９６５）〝英国のジャズ王〟と呼ばれたピアニスト、作曲家、バンド・リーダー。20年代、30年代に大編成バンドの洗練されたサウンドで人気を博した。

は何重もの列ができ、その列は次のブロックの途中まで伸びていた。

アメリカン・ルックはクラーク・ゲイブルやケイリー・グラントが30年代の映画で着ていたような、ワイドショルダーのダブル・ジャケットをベースにしていた。たいていはピンストライプが入り、襟は幅広で、ドレープは大きく、20年後のボニー&クライド人気で注目を浴びる、ギャングのスーツに酷似していた（現に後者のブーム期には、数多くのブティック・オーナーが古着市場で古いセシル・ジーのスーツを買い上げ、クリーニングし、細身に直した上であらためて売り出していた。古着市場での値段は4ポンド。それがブティックに並べられると、20ポンドから25ポンドの値がついた）。

ジャケットと併せてジーは、アメリカから輸入した長くとがった襟の（〝スペアポイント〟）シャツや、カウボーイとインディアン、あるいは飛行機の画を手描きしたネクタイ、そしてつばの広いアメリカの帽子を売った。全体的な雰囲気は男っぽく、生意気で、いくぶん不良じみていた。今の目で見るといくぶんヤクザっぽく思えてくるが、当時は単純に派手なだけだった。みすぼらしい復員服のあとで見ると、なんとも贅沢に感じられ、反応は熱狂的だった。「店の客はみんな夢中だった」とジーは語る。「戦争がすべてを変えたんだよ。全員がカーキ地を着せられて、ほとほとうんざりしていた。だから買いものに出かけると、少し羽目を外していたんだ。召集される前はきっと、ガチガチの保守派だったはずなのに。でももうみんな、歯止めが効かなくなっていた。なんでもありの今とはちがう。40年代には新しいシャツやネクタイを買うだけで一大事だった。新しい命を得るようなものだったんだ。

土曜日になると、わたしは店の外を見た。すると客が長蛇の列をなしていた。一度に店に入れるのは6人だけで、そのたびにドアを閉じる。そしてその6人の相手をすると、外に送り出し、またべつの6人を迎え入れていた」

当時、こうしたもろもろが社会的に注目を浴びることはほとんどなかった。この手のファッションを見苦しいと考える業界誌はほんの申しわけ程度に触れていたものの、全国的なマスコミは、完全に無視してかかっていた。それでもセシル・ジーは彼なりに、まったく新しい存在だった——大衆市場を意識した初のデザイナー。「わたしが登場する以前」と彼は語る。「一般人にはだれも目を向けようとしなかった」

その意味でジーは、ジョン・スティーヴン*の先がけといえるだろう。彼は時代の15年先を行っていた。もし40年代のマスコミが60年代の初頭なみに発達していたら、まちがいなく有名人になっていたはずだ。だが実際にはあくまでも、成功した店主にす

*ジョン・スティーヴン John Stephen（1934～2004）〝100万ポンドのモッズ〟、〝カーナビー・ストリートの王様〟などの異名を取った〝スウィンギング・ロンドン〟の立役者のひとり（第9章を参照）。70年代の中盤からは、ランヴァンのようなヨーロッパ・ブランドの輸入業者に転じた。

ぎなかった。

しかしながら彼にはひとつ、重要なポイントがある――本質的には既製服の売り手だったことだ。すでに述べた通り、戦前のテーラー・チェーンはオーダーメイド専門だった。それは今も変わらない。英国男性はつねに、独自のスーツを身にまとってきた。だが史上初のポップ・デザイナーたるセシル・ジーはそのルートをパスし、それ以降のカルトな衣服すべてに受け継がれるパターンを築き上げた――日常の衣服とは対照的に、英国男性の〝ファッション〟はずっと出来合いで通してきたのだ。

従来よりも安くて速いこの方式が、20世紀に発達するのは自明の理だった。そしてそれはことファッションに関する限り、メイン・ストリートをもっとも動揺させたポイントのひとつでもあった。遅かれ早かれ、既製服が完全に主流になるのはまちがいない。それは彼らにもわかっていた。だが彼らはその変化に、頑強に抵抗した。昔のままでいるほうが、ずっと簡単だったからだ。

セシル・ジーのデザイン自体は、アメリカで10年前に流行ったスタイルの焼き直しだったという意味で、とてもオリジナルとはいいがたかった。それでも英国では目新しく、それなりにすばらしいところもあった――力強さとインパクトにあふれ、痛快なまでに悪趣味だったのだ。

ほかの店もジーの人気にすぐさま目をつけ、彼をコピーしたり、彼の廉価版を出したりしはじめた。チャリング・クロス・ストリートはクリスマスツリーのような店でいっぱいになり、とりわけズート・スーツが流行した。

ジー自身のスタイルを激しく誇張したのがズート・スーツで、ジャケットはひざ小僧のなかばまで垂れ、肩にはアメフトのプロ選手のようなパッドが入っていた。アメリカではすでにブームになっていたが、それがイギリスに導入されると、しゃれ者たちのユニフォーム代わりになった。

1950年になると、アメリカのファッションは、総じて不良性をにおわせるようになっていた。ジーのスタイルにはどっちつかずなところがあったけれど、彼の模倣者たちはあからさまで直裁だった。ネクタイにはカウボーイとインディアンの代わりにヌードがあしらわれ、ほかにもシャンペンボトル型のタイピンや、カポネ風のスペクテイターシューズ（20年代に一瞬だけ流行した白と黒、あるいは茶色と白のコンビシューズで、その後はもっぱらアル・カポネやシカゴ・ギャングのトレードマークになっていた）、そして暗闇のなかで発光する腕時計バンドなどがあった。

この時点で、セシル・ジーはふんぎりをつけた。道徳的な男だった彼は、顧客のタイプにもうるさかった。「ひと財産築くこともできただろうが、その気にはなれなかった。ソーホーでは殺人が横行し、通りではギャングの抗争があった。だがわたしが相手にしたいのは、そういう手合いじゃなかったんだ。そこでわたしは別の市場に移行した。ファッションの市場に変わりはないが、もっと質が高い――わたしはずっと、品質を重視してきたからね」

具体的にいうとこれは彼が、アメリカン・ルックからじょじょに撤退していったことを意味する。彼の商品はよりまっとうになり、そのぶん面白味はなくなった――シングルのジャケット、スポーツシャツ、いくぶん細身のズボン……。それからの何年かは、時間稼ぎをしているようなものだった。

それでも彼は、大々的に成功を収めつづけた。ジャズとダンス・バンド両方のジャンルでミュージシャン相手の商売をつづけ、シャフツベリー・アヴェニューに巨大な支店を開き、郊外にももっと小規模な支店をいくつか構えた。〝小粋な仕立屋《スウィッシュ・テーラー》〟を自称し、利益もうなぎ上りだった。だが1950年以降、彼の店の外に列ができることはなくなった。

その後、50年代のなかばになると、彼は〝イタリアン・ルック〟を導入し、まったく新しいサイクルをスタートさせた。だがその話は別の章で取り上げよう。ここではとりあえず、彼がはじまりだったといっておくだけでじゅうぶんだ。**「今でいうファ**

ッションを生み出したのはわたしだ」と彼は語る。誇張といえば誇張だろう。だが決して駄法螺ではない。

3章　ニュー・エドワーディアン——過去への回帰

セシル・ジーがチャリング・クロス・ストリートで突破口を開くのと同時期に、サヴィル・ロウでもやはり変化が起こっていた。

一見すると、両者の出所はかなり似通っていた——質素な暮らしの味気なさに異議を唱え、自分たちのいら立ちを服装で表現しようとする若者たち。唯一のちがいは階級だった。サヴィル・ロウの反逆者は、大半がエリート軍人や、名家の次男、三男坊、あるいはいわゆる有閑紳士だったのである。

しかしながら階級のギャップは、それだけで、このふたつにまったく対照的なスタンスをもたらした。チャリング・クロス・ストリートの関心は現在と未来、そして過去には存在しなかった自由を勝ち取ることにあった。だがサヴィル・ロウは過去、すなわちより優雅でゆとりのあった時代への回帰という形で抗議をおこなったのだ。

ジェイムズ・レイヴァーが書いているように、「ノスタルジアの要素[*]があったのはまちがいない。すべての服装はなんらかの意味を持つが、これが意味していたのは〝自分のような階級の男たちが、すべての恩恵を独占できた時代にもどりたい――ジャーミン・ストリートの小部屋やジーヴスのような家僕、そして少額でも安定した不労収入の時代に〟ということだった」

いいかえると彼らはまだ、戦争がもたらした社会的な変化を明確には意識していなかったかもしれないが、自分たちの立場が脅かされていることは本能的に察知し、そうした新秩序から身を護るために、服装で反応を示したのである。

最初の動きは1890年代のスタイルにそって、派手なブロケードのヴェストを身に着けることだった。それ自体は決して目新しい行為ではない。戦前にもイートン校で、似たようなリヴァイヴァルが起こっていたからだ。だがそれを大人が着用すると、セント・ジェイムズ[*]界隈では不満の声が多く上がった。

事実、一部のテーラーは、そうした衣服の依頼をきっぱりとはねつけた。また一部のテーラーは、歯噛みしながら依頼に応じた。「最初はいささか警戒していました」とH・ハンツマン[*]の会長、エドワード・パッカーは語る。「ですがわたしたちは、理解するように努めました」

＊原注：ジェイムズ・レイヴァー著『Dandies』。

＊セント・ジェイムズ
バッキンガム宮殿近くの裕福なエリア。

＊H・ハンツマン
1849年に創業したサヴィル・ロウきっての老舗テーラー。映画『キングスマン』の舞台にもなった。

とはいってもブロケードのヴェストは、エドワード朝時代全般の、ずっと大規模なリヴァイヴァルを先触れしていたにすぎない。エドワード朝時代はずっと、英国における貴族制の黄金時代と見なされている。すると１９４８年ごろから、エリート軍人や高貴な出の若者たちが、細身で丈の長いシングルのジャケット、折り返したヴェルヴェットの袖にヴェルヴェットのカラーのオーヴァーコート、カーネーション、パターン入りのヴェスト、そして銀柄の杖といったもろもろを身に着けて、人前に姿を見せはじめた。

このスタイルはヒットした。むろん、いつもここまで極端な格好だったわけではない。しかし細身のラインは同性愛者の世界、さらにはスマートさを志向する中流階級の一部にも広まり、１９５０年の時点で、エドワーディアン・ルックはロンドンの支配的なファッションとなっていた。

むろん、50年代初頭の細身と60年代の細身は種類が異なる。窮屈さや締めつけとは縁がなく、それどころか実際の体型ともほぼ無関係だった。それでも戦前のスタイルに比べると明らかに先細で、優雅さへの志向をはっきりとうかがわせ、その結果ダンディの再生――精緻さの復活について、山ほどの駄弁がまき散らされた。

こうした新しいエドワード人のなかで、もっともスタイリッシュかつもっとも有名な男が、ドレスメーカーのバニー・ロジャー*だった。

過去20年にわたり、ロンドンでもっとも着こなしにうるさい男として知られてきたロジャーは、戦前からすでにひとつの指標だった。成功したビジネスマンを父親に持つ彼は、ロレット校からオックスフォードに進み、その後、美術学校に移ったが、最後のふたつからは即座に放校処分を受けている。「なんてこった」とぼくは思った。「最高の名誉じゃないか」

30年代に入ると、彼はニューポート・ストリートで婦人服をつくるようになる。ピンクのスーツにピンクのシルクシャツをまとい、長く伸ばした髪の毛の両端は、あごの下でくっついていた。そして通りを歩くたびに、キャンプなハメルンの笛吹きよろしく、じろじろ見られたり、指をさされたり、追いまわされたりしていた。

彼は戦時をイタリアで、ライフル旅団の一員としてすごし、そこではかなり目立った存在だった。「怖いとは思わなかった。『学校よりはマシだ』と思ってね。現にその通りだったわけだし。

軍服もかなり美しかった。一種の暗緑色で、黒のすてきなボタンがついていた。ズボンはむろん、丈をつめる必要があって、わたしはバレーのタイツのように、かなりぴっちりした仕上げにした」

*バニー・ロジャー
Neil Munro "Bunny" Roger（1911～1997）カプリ・パンツを流行させたことで知られる英国の婦人服店主。1年に15着のスーツを仕立て、それぞれのスーツに合わせて4足の靴をつくらせるほどの着道楽だった。

復員後、婦人帽製造の仕事に復帰したロジャーは、フォートナム&メイソンで働いたのちに、1950年、彼としても最大の成功を収めた。40歳の彼はもう、決して若造ではなかったが、にもかかわらず新しいエドワーディアン・ルックを取り上げ、それを最高に荒唐無稽なファンタジーへと変化させたのだ。

手はじめに彼は、色彩を持ちこんだ。ブロケード・ヴェストの流行とはうらはらに、**彼以前、スーツは灰色か黒の2種類しかなかった**。しかしそこにバニー・ロジャーが、緑と金色と深紅、そしてピンクと紫で彩りこみをかけたのだ。そして彼はみずからをアクセサリーやパールグレーの安い宝石、つばのカールした山高帽、片眼鏡《モノクル》や時計の鎖やダイアモンドの飾りピン、そして金柄の杖やさまざまな色合いのカーネーションで飾り立てた。

その効果は衝撃的だが芝居っ気に富み、かすかにミュージック・ホールのにおいがした。それはあたかもエッジウェア・ロードのメトロポリタン座で、しゃれ者を取り上げた寸劇に出演する彼が、いつまでもそこへ行き着けずにいるような感じがした。

以来、彼のスタイルに変化はない。60歳になった今も、奇跡のように若さを保ち、以前と変わらずこぎれいではっそりとしている。ヴェストは相変わらずソーセージの皮のようにぴったりしているし、メーキャップには一分の隙もない。スーツを120

着所有し、それはすべて同じエドワーディアン・スタイルで仕立てられている。1950年の彼がヒロイックだったとするなら、今の彼はさしずめ記念碑だろう。そしてその派手やかさは、*アルバート記念碑にも決してひけを取らない。

彼は一匹狼だった。ずいぶんな騒ぎとなったわりに、新しいダンディズムは大した動きを生まず、新奇さが薄れると、エリート軍人たちはあともどりをしはじめる。最高に冒険的な服装をしていたのは、むしろ、年長の男たちだった——セシル・ビートンを筆頭に、ノーマン・パーキンソン、カメラマンの*ジョン・フレンチ、デザイナーの*オリヴァー・メッセル、そしてほかのだれよりもはるかに派手やかだった、骨董品ジャーナリストの*サイモン・フリートといった男たちである。

　有名人を別にすると、着飾る男は大半が同性愛者だった。性的にも社会的にも、もともと主流からは切り離された存在だったため、どれだけ奇抜な格好をしても、失うものはなにもなかったのだ。また色彩や質感に対しては、元来、異性愛者よりもずっと繊細な感覚の持ち主だった。

　エドワーディアン・ルックは次第に同性愛と結びつけられるようになり、それもあって一般的な中流階級のファッションではなくなってしまう。復活した耽美主義の一端としてもてはやされたオックスフォードを別にすると、このスタイルはほとんど、

*アルバート記念碑
ロンドンのハイド・パーク内にあるヴィクトリア女王の夫、アルバート公の記念碑。

*ジョン・フレンチ
John French（1907〜1966）　英国のファッション・カメラマン。現場ではもっぱらセットやモデルのポーズにこだわり、シャッターはデイヴィッド・ベイリーほかのアシスタントたちに切らせていた。

*オリヴァー・メッセル
Oliver Hilary Sambourne Messel（1904〜1978）　英国を代表する舞台デザイナー。第2次世界大戦中は偽装工作員として、トーチカのカモフラージュに才能を発揮した。

*サイモン・フリート
Simon Fleet（1913〜1966）　本文には〝骨董ジャーナリスト〟とあるが、ほ

ロンドンの外では流行しなかった。

50年代の初頭にはケンブリッジが主な舞台となるが、それはその数年前、ケネス・タイナン*に先導されてオックスフォードで開花した、別の、かなり性質が異なる動きを受けてのことだった。

グラマー・スクール出身の左翼で、芝居っ気の強いタイナンは、グラマー・スクールの左翼と演劇グループ、彼のいう「タフで、大胆で、海賊じみていて、美しくなることにこれっぽっちも関心がない」集団を牛耳っていた。

こうした集団そのものは、決して目新しい存在ではなかった——タフで、大胆で、海賊じみたグラマー・スクールの少年は、戦争のずっと前からオックスブリッジの伝統だった——ものの、彼らは異なるスタイルを採り入れていた。また30年代、そして50年代の非特権階級は、『ラッキー・ジム*』で見られるように、まずは恩着せがましさをあらかじめ退けるための手段、そしてのちには裏返しのスノビズムから、意図的に気むずかしい態度や、あでやかさを否定する姿勢を取るきらいがあった。

しかしながら40年代、そうしたスタンスはいささか無意味になっていた。恥に思うような軽薄なふるまいは、すべて根絶やしにされていたからだ。配給がつづく限り、全員が同じ船に乗っているしかなかった——クーポン、軍の放出品、そしてタイナ

かにも作詞家、俳優、セット・デザイナーなど、さまざまな肩書きを持っていた才人。泥酔して階段から転落死した。

*ケネス・タイナン　Kenneth Tynan（１９２７〜１９８０）　英国の演劇評論家。左翼的演劇の支持者として知られ、おもに「オブザーヴァー」紙で健筆をふるった。

*ラッキー・ジム　Lucky Jim　１９５４年に刊行されたキングズリー・エイミスの処女長編。地方の大学で非常勤講師を務めるジェイムズ（ジム）・ディクソンがその仕事をつづけるために味わう苦難の数々をコミカルに描いてベストセラーを記録し、サマセット・モーム賞を受賞した。

ンのいう「永遠につづく、魂のダンケルク*」である。

「この先には長い苦労が待っていて、犠牲と自制の年月が必要とされるだろう、とい くらくり返し告げられても、受け入れる気になれない者がいる。野心的で、いら立ちを覚え、待つ気になれない者。なんらかの意思表示をする必要に駆られた者が」

タイナンの場合、この意思表示は常軌を逸した服装という形を取った。さりげなくスタートを切った（大半の人々はカーキ色の軍服姿だったため、タイナンは黒をまとった）彼は、じょじょに全力で自己顕示欲を発揮するようになる。金色のサテンのシャツ、紫色のドスキン*・スーツとイヤリングを身に着け、髪の毛を明るく染め、かと思うと暗く染めた。明るい色やダックエッグブルーのコーデュロイ・パンツをはき、赤いリボンで縛った傘を持ち歩いた。

これはダンディズムではなかった。タイナンや彼のあと追いたちは、具体物ではなくシンボル――敵の顔面を直撃する悪臭弾として、服装に興味を持っていたのだ。その意味で服装は、非常に効果大だった。ガイ・フォークス・ナイト*には、タイナンの人形がブロード・ストリートで燃やされた。彼は「アイシス*」誌で揶揄され、侮辱された、そしてロンドンにやって来て、この街を攻撃するずっと前から、世間に広く知られていた。

＊ダンケルク
フランスの地名。第2次世界大戦の西部戦線における激戦地のひとつで、2万人の戦死者が出た。

＊ドスキン
ビロードのような光沢を持つ厚手の織物。

＊ガイ・フォークス・ナイト
国王ジェームズI世を暗殺しようとしたガイ・フォークス一党のもくろみが頓挫したことを祝うイヴェント。11月15日におこなわれる。かつてはガイ・フォークスの藁人形を町中で引きずりまわして燃やしていたが、現在では花火を打ち上げ、かがり火をたくのが一般的だ。

＊「アイシス」誌
1892年に創刊されたオックスフォード大学の学生誌。

１９５１年から52年にかけて起こった、ケンブリッジにおけるエドワード朝時代のリヴァイヴァルも、同じような衝動に端を発していたが、アプローチは異なっていた。質素な生活に対する不満やいら立ちに変わりはなく、タイナンや彼の取り巻きたちと同様、運動に関わった学生の大半はメディア人となって、ジャーナリズム、ＴＶ、劇場といった50年代の新たなエスタブリッシュメントに歩を進めた。

しかしケンブリッジのエドワーディアンは、大半がグラマー・スクールではなくパブリック・スクールの出身で、その意思表示もアナーキーというより耽美的だった。サヴィル・ロウのエリート軍人と同様、気品と優雅さへの回帰をしきりに口にしていたが、実のところそれは、気取りへの回帰でしかなかった。「大勢の学生が『ブライズヘッドふたたび』を読んでいた」とキングス・カレッジに通ったサイモン・ホジスンは語る。「ロクなことにはならなかったが」

実際には決して大勢ではなかった。エドワーディアンの集団は、いたって少数派だったのだ。だが数は少なくても声は大きく、１９５３年には「メンズ・ウェア」誌がその声を聞きつけて、シンポジウムを開催する。学生たちはその場で、男性ファッションの未来を論じることになった。

予想された通り、シンポジウムは大々的な混乱のうちに幕を閉じた。マーク・ボク*

＊マーク・ボクサー
Mark Boxer（１９３１～１９８８）「サンデイ・タイムズ」紙の〝カラー・サプルメント（別冊）〟を創刊し、新進気鋭のライター、イラストレーター、カメラマンに起用した編集者。また〝マック〟のペンネームでみずから風刺漫画を手がけた。

サーは緑色のツイード・ジャケットに、チェックのヴェストと細身のズボンという出で立ちであらわれた。*ブライアン・ロイド＝プラットは腰のくびれたスカートシャツに、折り返した袖口、ボウタイ、そしてウィング・カラーと、エドワード朝風の装束に身を包み、*アンソニー・サンプソンは灰色の正統派サヴィル・ロウ・スタイル。*ブライアン・トッドはテントのようにカットされた鮮やかな黄色のコーデュロイ姿だった。そして彼らはなにひとつ、意見の一致を見なかった。

「メンズ・ウェア」誌は面白がっていたものの、さして感心はしなかった。マーク・ボクサーも当時をふり返って、彼らに同意する。「あれは全部、どうしようもないぐらいナイーヴだったし、やり方もまずかった」と彼。「もし今、あれと同じ緑のジャケットを着ていたら、きっと薄汚れた公園の番人だと思われてしまうだろう」

それでも、それがひとつの取り組みだったことはたしかで、時には激しい情熱を呼び起こすこともあった。ジョニー・ベリンガムはシャツをすべてスイスに送って洗濯させ、銀柄の杖やクラヴァット、そして緑のインクで染めたカーネーションをいくつも秘蔵していた。最大のステータス・シンボルはパリから取り寄せたクラヴァットのタイで、うまく取り寄せられなかった場合には、普通のネクタイにクラヴァットのラベルを縫いつけて代用した。

＊ブライアン・ロイド＝プラット
Bryan Lloyd-Prat（〜1983） 黄色いストロー・ハットをトレードマークにしていたクロケットの選手。南アフリカのケープタウンで男娼に刺殺された。

＊アンソニー・サンプソン
Anthony Terrell Seward Sampson（1926〜2004） 英国の経済ジャーナリスト。1962年の『英国の解剖』を皮切りに数々の著作を刊行し、石油利権を取り上げた『セブン・シスターズ』は日本でもベストセラーになった。

＊ブライアン・トッド
Bryan Todd（1938〜2018） 60年代に活躍した英国のプロ・ラグビー選手。ポジションはセンター。

それは単なる一時の虚飾であり、愚行だった。マーク・ボクサーの世代が去ると、彼らに取って代わったのはダッフルコート、ウールのスカーフと自転車用裾留め《バイシクル・クリップ》の軍団で、ダンディズムは以後10年間、ほぼ完全に忘れ去られていた。

いっぽうでエドワーディアン・ルックは1954年ごろまで生き延びたが、そこでテディ・ボーイの乗っ取りに遭って戯画化され、同性愛者ですら着る気になれないほどいかがわしいものになってしまう。

これ以上の皮肉はないだろう――上流階級が自分たちの身を護るためにスタートさせたエドワード朝風のファッションが、労働者階級の男性ファッションとしては、初の爆発的なブームを迎えるスタイルの基盤をつくり上げたのだ。

チャリング・クロス・ロードを拠点としたアメリカン・ルックは、主に労働者階級の人々に向けて販売された。エドワーディアン・ルックもそれを受け継いだスタイルだが、もともとはサヴィル・ロウではじまり、当初は上流階級至上主義のファッションだった。

4章　テッズ——ティーンエイジ・カルトの誕生

こと英国のティーンエイジャーに関する限り、すべてのはじまりは〝テディ・ボーイ〟だ。ロックンロールとコーヒーバー、衣服とバイクと言葉、ジュークボックスと泡の立ったコーヒー——大人の世界とは切り離された、ティーンならではのライフスタイルというコンセプト全般のはじまりは。

戦前、労働者階級、そして大半の中流階級の子どもは、すべてを親と分かち合っていた。同じ音楽に合わせて踊り、同じ映画を最後まで見通し、同じ服を着ていたのだ。「1930年代、ティーンエイジャーでいるというのは、週に1ポンドの小遣いとにきびを意味していました」と「スタイル・ウィークリー」誌の編集者を務めるジョン・テイラーは語る。「父親の装いを真似ようとして、ツイードを着たり、パイプを吸ったりしていたんです。それはラムがマトンを真似るようなもので、たとえちがった装いをしようとしても、手に入るのはせいぜいウールワースで買える6ペンスのネクタイぐらいでした」

こうしたアイデンティティの欠如の理由は、いたってシンプルだった——**使える金がない**。彼らはまだ修行中の身か、失業手当を受けているか、でなければ給金をそのまま母親に渡していたのである。いずれにしても、わざわざ常軌を逸した真似に走る余裕はどこにもなかった。

戦争が終わっても、そうした余裕の無さに変わりはなかった。だが50年代の初頭になると、緊縮生活にも終わりが見え、実験が可能になってきた。ティーンエイジャーは史上はじめて、まともな稼ぎを上げられるようになり——最大で週に20ポンド——その使い道を探しはじめた。

最初のうち、これはたやすいことではなかった。思春期向けの市場はずっとごく限られたものだったため、ティーンエイジャーの習慣にねらいを定めたビジネスは存在しなかった。ティーン向けのクラブや音楽もなければ、食べものや衣服も売られていない。あるのは大人にも同じように使えるものだけだった。

だがそうしたギャップも50年代のなかばには埋まっていた。目端のきくビジネスマンがたくみな宣伝で市場を攻め立てた結果、まったく新しい産業が誕生したのだ。

しかし1952年前後にテッズがスタートしたとき、ビジネスはいっさい絡んでいなかった。それはスポンサーや金儲けとはまったく無縁な、一種の真空状態に存在していた。彼らはバイクに乗ったり、映画を観に行ったり、アーケードにたむろしたりした。だがたいていは街角にたたずんで、あたりににらみを利かせていた。

彼らはちんぴら《フーリガン》だった。金と無駄にできる時間はあるのに、なにもすることがない少年たち。退屈し、鬱屈していた彼らは、みずから非行集団を組んだ。単に通りをウロウロして、ちょっとした口論をはじめたり、騒ぎ立てたりするだけのこともあれば、本格的な犯罪に手を染めることもあった。だが彼らが法を破るのは、金欲しさからではなく――少なくともそれが、いちばんの目的ではなかった――興奮、すなわち自分たちは行動しているという実感を得たいからだった。〝刺激《キックス》〟という言葉が多用されたが、それは時をやりすごしてくれるなにか――なんでもいい――という意味だった。

最初にテッズが登場したのはイースト・エンドとノース・ロンドン、トッテナムとハイベリーあたりで、そこから南方のストリーサムやバタシーやパーリー、そして東方のシェパーズ・ブッシュやフラム、そしてさらには沿岸の町やミッドランズにも広まり、1958年になると、英国全土にしっかり根を下ろしていた。

彼らのユニフォームは基本的に、サヴィル・ロウ風エドワーディアン・ルックの簡略形だった。*テディ・ボーイという呼称もそこに由来する。だが彼らは同時に丈の長い、ゆったりした《ドレープ》ジャケットという、ズート・スーツの要素も採り入れていた。

ゆったりしたジャケットのほかに、彼らは先細のぴっちりしたジーンズ、明るい黄色のソックス、ボートにも似た大ぶりのラバーソール・シューズ、そして川船《リヴァーボート》の賭博師のようなひもタイを着用した。またアクセサリーと武器を兼用する真鍮の指輪を複数の指にはめ、ジーンズの尻ポケットには、しばしば飛び出しナイフを忍ばせていた。

彼らは顔つきも共通していた。栄養不良でやつれ、いくぶんネズミっぽく、吹き出ものやにきびが多い。だが彼らがいちばんの誇りにしていたのはもみあげで、耳たぶのずっと下まで伸ばし、前髪は長く伸ばして真ん中に集めたリーゼントに仕上げ、両サイドはたっぷりのヘアオイルでうしろになでつけた上で、下に散らせるのが鉄則だった。

このヘアスタイルはダックテイルと呼ばれ、ヴァリエーションにはトップをダイアモンド型のクルーカットにし、それ以外は下に垂らすスタイル、あるいは刈りあげた白い首筋の上で、髪を横一直線にカットするボストンなどがあった。

*テディ・ボーイ　〝テディ〟は〝エドワード〟の短縮形。

これだけで終わりではない。ゆったりしたジャケットは黒か栗色、場合によっては淡青色で、派手なヴェストをちらりとのぞかせることもあった。全体的な効果はヒロイックな過剰さ——けばけばしく、脂くさく、実に堂々としていた。

どれを取っても安くはなかった。まっとうなテッズのスーツは裏町の仕立屋の手づくりで、値段は15ポンドから20ポンド。アクセサリーも全部そろえるとその2倍はした。もしトップのテッズになりたければ、ダンスホールに入るとき、少なくとも50ポンドはする服を着ている必要があった。

テディ・ボーイをそれ以前のすべてから際立たせていたのが、こうした没入ぶりだった。道徳にも、政治にも、哲学にもいっさい関心はない。スタイルだけに価値を見いだし、その点に関しては狂信的だった。

これは決して安易に手を出せるスタイルではなかった。たとえばカメラマンのドン・マッカラン*はトッテナムに暮らし、非行集団の一員とつき合っていたが、正式なメンバーになることはなかった。「鉄道の仕事で週に3ポンドの稼ぎしかなかったんだ」と彼は語る。「それじゃ、とてもついていけるわけがない。ザ・トッテナム・ロイヤルはノース・ロンドン最大のたまり場で、なかに足を踏み入れたとたん、全員がこっちを値踏みしはじめる。ジャケットや靴はもちろん、ネクタイピンまで——向こう

*ドン・マッカラン
Sir Donald McCullin（1935～）　戦場写真や社会の裏面を追求した写真で知られる英国のフォトジャーナリスト。

のことに気がつく前に、靴下まで全部、値段がばれてるんだ。

いつも脂まみれの櫛の出番だった。それが重要なモテ道具だったんだ。女の子に踊りを申しこむときは、まず彼女の前に立ち、半目でその目を見つめながら、髪の毛をとかす。

たいていはセヴン・シスターズ・ロードのアーケードにたむろして、ピンボールで遊んでいた。煙草1本と引き替えでリプレイができてね。道をはさんだ真向かいには、警察官が刺されたグレイズ・ダンス・ホールがあった。入口にはレスラーのバート・アシラティ*がいて、カミソリや自動車のチェーンを持ちこむ手合いがいたら、問答無用で道路に放り投げていた。それでも喧嘩はやまなかったし、刃傷沙汰もしょっちゅうで――そこではそういったことが全部、ほんとうに起こっていた」

こういう熱っぽさは、おのずと短命に終わるものだ。1955年にはビル・ヘイリーの〈ロック・アラウンド・ザ・クロック〉がリリースされ、その翌年にはエルヴィス・プレスリー、チャック・ベリー、リトル・リチャード、そしてジェリー・リー・ルイスと、ロックンロールの神々が勢ぞろいしていた。

表向き、これはテッズの黄金時代だった。映画館で暴動騒ぎを起こし、座席を切り裂いて新聞の見出しを飾ったり、TVのドキュメンタリーになったりしていた彼らを、

*バート・アシラティ Bartolomeo "Bert" Assirati（1908~1990）プロレスの神様といわれるカール・ゴッチが〝最強〟と評したレスラー。英国のヘヴィー級王座に何回か輝いた。

中年のビジネスマンは、まるで聖杯かなにかのように群れをなして追い求めた。テッズは少数派のカルトから大々的な改革運動に転じ、興奮がピークに達した何か月かは、ティーンエイジャーが完全に主導権を握ってしまいそうな勢いだった。

すべてがまだ、牧歌的な時代だった。だが長い目で見ると、それは破滅の芽をはらんでいた。メッセージが広まるにつれて、そのスタイルは希釈化され、魂とアイデンティティを失っていったからだ。

テッズはこの点で、将来的なティーンエイジのカルト全般の青写真を提供した。それはまずアンダーグラウンドで形成され、基本的な前提が設定される。そしてまずごく少数の信徒が、熱心に信奉しはじめる。するとやがて日の目を見て、各地に広まり、ある日突然火がついて、全国的なブームとなる。そして周辺の野次馬たちも惹きつけ、業界を巻きこみ、メディアにも際限なく取り上げられる。と、そのうちに新奇さやインパクトがすべて消え失せ、死に絶えてしまうのだ。

テッズの場合がそうだった。暴動騒ぎは彼らからすると大勝利で、この動きはだれも予想もつかなかったほどの広がりを見せたものの、新たな改宗者の多くは途中で足を止めた。ブーツのレースやソックスの派手さにまでこだわる本格派のユニフォームには手を出さず、単に細身のジーンズとダックテールの髪型を採り入れ、大ざっぱに雰囲気を真似るだけで満足していたのだ。

ラバーソールは1958年以降、イタリアン・スタイルの、黒い、先細の靴に取って代わられ、これがとりわけ北部では、50年代末から60年代初頭におけるティーンエイジャーの基本的なスタイルとなる。ブルージーンズの裾は巻き上げられ、その下から先端のとがった靴が存在を主張していた。

同時期、ゆったりとしたテッズのジャケットも姿を消しはじめ、丈の短い、ボックスシルエットのイタリアン・ルックが幅を利かせるようになる。その先はもう、はっきりしていた。1958年になるとテディ・ボーイのスタイルは完全に廃れ、着用するのは、あえて古めかしさを狙う者だけだった。

オリジナルのテッズは大半が20歳を超え、結婚し、身を固めていた。その一部は革ジャンとバイクに転じ、最初期のロッカーズとなる。スタイルを変えることを拒んだ者は、ごく少数にすぎなかった。その少数派は頑迷に古いやり方と古いユニフォームにこだわり、永遠に忠誠心を失わなかった。

太鼓腹になり、スキンヘッドの息子たちがいる今になっても、彼らはまったく変わっておらず、その忠誠心には一点の曇りもない。これは一種のセクトであり、秘密結社だ。ノース・フィンチリー・ロックンロール保存協会のような排他的な集団を組み、

＊メイミー・ヴァン・ドーレン
Mamie Van Doren（1931〜）アメリカの女優、セックス・シンボル。おもに『性愛の曲がり角』『金星怪獣の襲撃』といったB級映画に出演した。

＊アイルランドのイースター蜂起
1916年の復活祭（イースター）週間にアイルランドで起こった武装蜂起。英国からの独立を求めるアイルランド共和主義者が主導し、200人以上の市民が死亡する大規模な騒乱となった。

毎度、一張羅に身を包んで、パブの奥の部屋に集まっている——ヴェルヴェットのドレープ、スパンコールつきのヴェストに指輪、残された髪の毛にはグリースをたっぷり塗りつけ、三日月刀のようなもみあげを伸ばして。

そして隅っこに腰を下ろし、エディ・コクランやジェイムズ・ディーンや*メイミー・ヴァン・ドゥーレンのことを語らい合う——男は男らしく人生をまっとうし、女はみんな豊かな胸をしていた過ぎ去った時代のことを。ほんの15年前の話だというのに、その口調はまるで*アイルランドのイースター蜂起か、*ボーア戦争のことを話しているかのようだ。それぐらい遠く思えるのである——スティレットヒールにビーハイヴ、ルビーレッドの口紅、*ヴィンス・テイラー、そうだ、*サブリナを覚えているか？

だがどれだけアナクロな存在になり果てていようと、テッズがスタート時に与えたインパクトは強力だった。とくに彼らが切り開いたふたつの突破口は、それ以降の男性ファッションに、ずっと影響を与えつづけている。

最初の突破口は、彼らが衣服をふたたびセクシーにしたことだ。150年におよぶ隠蔽の時代をへて、華麗さと身づくろいをよみがえらせたのはテディ・ボーイだった。彼らのコスチュームが持つバロック的な複雑さ、股と股間部のぴっちり感、そして女性の前で髪をとくといった、モテるための儀式……このすべてが、典型的な孔雀《ピーコック》の流

＊ボーア戦争
南アフリカの植民地化をめぐって、英国とオランダ系アフリカーナ（ボーア人）とのあいだでくり広げられた戦争。1899年にはじまり、1902年に英国の勝利で終結した。

＊ヴィンス・テイラー
Vince Taylor（1939〜1991）　英国のロックンローラー。代表作の〈ブランド・ニュー・キャディラック〉はクラッシュにカヴァーされた。またデイヴィッド・ボウイは彼が〝ジギー・スターダスト〟のモデルだったと語っている。

＊サブリナ
オードリー・ヘップバーンが演じた映画『麗しのサブリナ』のヒロイン。劇中で彼女がはいた丈の短いパンツは、〝サブリナパンツ〟と呼ばれて大流行した。

儀にのっとっていた――直接的なセクシーさの誇示である。

その結果、ブランメル以降の慣習は、ことごとく無意味なものになってしまう。もはや社会的地位に汲々とすることも、匿名性を装うこともない。衣服はスローガンになったのだ。

この変化は広い範囲におよび、戦争の影響がついに、テッズの登場で明白になった。戦争はひとつの世代が次の世代に引き継ぐ、家族と伝統の感覚を破壊し、子どもたちははじめて、大人と同じ格好をしたいとは思わなくなる。いや、むしろ**父親とは正反対の格好をしたい**と思うようになったのだ。ジェイムズ・レイヴァーのいう家父長的な原理は完全に粉砕され、父親のことを事なかれ的で、灰色一色で、セックスとは縁がなく、いささか貧乏くさいと思うようになっていたテッズは、ならず者を志向しはじめた。彼らの衣服が主張していたのは、基本的にこの3つだった。オレはちがう。オレはタフだ。オレはファックする。

伝統の代わりに、テッズは新たな文化をスタートさせた。〝**ポップ**〟である。

過去は関係ない――それがポップの本質だった。ポップにおいて重要なのは今という瞬間とすぐ先の未来で、すべてがインスタントになった。ロックンロールのレコードには3か月の寿命しかなく、それが過ぎると捨て去られた。ダンスのブームや言葉もそれに負けず劣らずはかないものとなり、衣服についても同じことがいえた。出来栄えと耐久性という、戦前の基準は無視された。今や、なによりも重要なのはインパクトだった。一瞬で認知される派手やかさと、性的な興奮度である。

テッズが切り開いたもうひとつの重要な突破口は、労働者階級をファッションの新たな権威に位置づけたことだ。すでに別のところで述べたとおり、テッズ以前のファッションは上流階級によって生み出され、それが少しずつ下々にも広まっていた。しかしテッズとポップは、その状況を一変させた。

テッズには、オーソドックスな中流階級の文化には太刀打ちできないガッツと独創性があった。そして彼らはまちがいなく独創的だった――たしかにそのユニフォームは、エドワーディアン・ルックやズート・スーツを元にしていたかもしれない。だが最終的な仕上がりはテッズ独自のもので、素性の異なる少年たちは、自分たちのことをみすぼらしいと思うようになった。

かくして金持ちの階級も、彼らをコピーしはじめた。おそらく全部を全部採り入れたわけではなかったはずだし、実生活では徒党をなして街路を練り歩く、剣呑そうなテッズを敬遠していたのかもしれない。それでも彼らは同じ趣味や態度の数々を採り入れ、魔法をものにしようとした。パブリック・スクールの生徒はこっそり『監獄ロ

次ページ
＊原注：英国の〝ポップ〟な声――唇にしまりのない、鼻にかかったあわれっぽい声で、強めの子音や鋭い母音はいっさい用いられない――がはじまったのもここだ。乱雑な卑猥さに満ちあふれたこのスタイルは、60年代にミック・ジャガーが完成させた。

＊年上の女
Room at the Top　ジョン・ブレインが1957年に発表した長編小説。出世を夢見る貧しい青年が、自分を愛してくれる年上の女を捨てて、若い金持ち娘との結婚を選ぶが……。

ック』を観に行って退学になり、ブルージーンズが必須とされ、ブルジョア階級も粗*野な口をききはじめた。

下層階級との火遊びは、テッズだけに留まらなかった。それはたとえば『年上の女』*や『ラッキー・ジム』のような小説、『怒りをこめてふり返れ』*やウェスカー3部作*のような戯曲、そして『乱暴者』*（その無法行為をよそに、あるいはそれがゆえに）や『理由なき反抗』*のような映画の流行にもあらわれていた。

こうした流行は、とりわけ美術学生や美術学校志願者の心をとらえた。テッズの影響がもっとも強くあらわれたのもここで、ホーンジーやスレードのような美術学校では、トッテナム・ロイヤルに負けず劣らずエルヴィス・プレスリーが熱烈に崇拝され、もみあげや股間のぴっちりしたジーンズのはびこりかたでも決して負けていなかった。

同時期、美術学校では服装全般が実験的になりつつあった。むろん、美術学生たちはつねに、群れの一歩先を行っていた。ボヘミアンの伝統に沿って、戦前からすでに髪を長く伸ばし、放浪者じみた服装をしていたのだ。しかし彼らは今や、そのさらに先を行き、学校は一種のバザー、ありとあらゆる不穏な服装の温床と化しつつあった。事実、美術学生は中流階級的な反逆のリーダーとなり、以来、ずっとその座を守っている。

*怒りをこめてふり返れ
Look Back in Anger　ジョン・オズボーンが1956年に発表した戯曲。大学を出ながら駄菓子屋を営む主人公の社会に対する激しい怒りを描き、〝怒れる若者たち〟と呼ばれる文学運動の口火を切った。

*ウェスカー三部作
「大麦入りのチキンスープ」、「根っこ」、「僕はエルサレムのことを話しているんだ」の3作からなる、アーノルド・ウェスカー作の大河ドラマ。労働者階級の生活を描いたこの作品で、ウェスカーは左翼系劇作家としての地位を確立した。

*乱暴者（あばれもの）
The Wild One　1953年公開のアメリカ映画。いわゆる〝暴走族〟を題材にした初の映画で、マーロン・ブランドが不敵なリーダーのジョニーを演じた。

すでに述べたとおり、テッズばかりが影響を与えていたわけではない。細身のズボンやラバーソールやもみあげもたしかに流行っていたが、同時にジェイムズ・ディーンの影響も色濃く、ウェスタンのスタイルをアレンジした彼のファッションは、テッズ以上に人気が高かった——ジーンズ、デニム・ジャケット、開襟シャツ、そして本気で挑戦したい場合にはサングラスも。

いっぽうで派手な服装のブームもあった。これは戦後ずっとつづいていた流れだが、50年代になると全盛期を迎えた。ヴィクトリア朝時代の遺物が屋根裏部屋から引っぱり出され、古着の露店で捕獲された。カンカン帽が登場し、ボロボロのトップハットや女性用の毛皮のコートまで、とにかくアナーキーで笑えるものならなんでもあり。＊アレクサンダー・プランケット＝グリーンはシャツを着ずにスーツだけをまとい、上半身裸の胸にボタンを描いてソーホーのナイトクラブ、クアグリーノズに足を運んだ。＊

それは本物の解放だった。１９５５年、プランケット＝グリーンの妻のマリー・クワントが、美術学生が着ているような服をベースにしたバザーという店をキングス・ロードに開き、すぐさま女性のファッションを根底からくつがえしてしまう。メンズウェアの場合、そのプロセスにはもう少し時間がかかった。だがいずれの場合にも、美術学校のスタイルが、ファッション全般の発展に重要な役割を果たしていた。

＊理由なき反抗　Rebel Without a Cause　1955年公開のアメリカ映画。十代のいわれのない不満という立ちを描き、主演したジェームズ・ディーンの代表作となった。

それでもテッズが偉大な創始者だったことに変わりはない。「すべてをはじめたのは彼らだった」とプランケット＝グリーンは語る。「彼らがいったん突破口を切り開くと、ほかのみんながそのあとにつづき、ポップが一気に爆発したんだ」

＊アレグザンダー・プランケット＝グリーン
Alexander Plunket Greene（1932～1990）マリー・クヮントの夫兼ビジネス・パートナー。彼女とは学生時代に知り合い、1957年に結婚した。

＊マリー・クヮント
Mary Quant（1930～）英国のファッション・デザイナー。1959年に発表したミニスカートのほかにも、カラー・タイツやホット・パンツを流行させ、1966年からは化粧品のデザインも開始。彼女の名前を冠した〝マリー・クヮント〟は、現在も総合的なファッションのブランドとして根強い人気を誇っている。

テディ・ボーイは重要なオリジネーターだ。ティーンエイジ・ファッションの先駆けであり、流行に敏感な富裕層からも模倣された初の労働者階級グループだった。

5章 サヴィル・ロウとメイン・ストリート——おしゃれに見えすぎてはいけない

すでに述べたように、エドワーディアン・ルックはダンディの復興へと向かう最初のステップとして着想されていた。しかしながら結果的には、まったく正反対の効果を発揮する。新鮮なスタートどころか断末魔のあえぎ、哀愁をたたえた最後の打ち上げ花火となってしまったのだ。

この理由はいたって簡単だ。**本物のダンディズムは、時間も金も労力もかかりすぎるのである。**最低でも従者とオーダーメイドのスーツ、それに手づくりのシャツ、靴、帽子が必要になるし、そのためにはフィッティング用の時間を取らなければならない。さらには毎朝、一分の隙もなく着飾り、昼間のうち何度か、すばやく着替えるための時間を捻出する必要もある。つまりちゃんとやりきろうと思ったら、人生の半分を捧げる覚悟が必要なのだ。

戦後の世界に、こうした要件を充たせる人間はきわめて数が限られていた。というより、そうしたいと考える人間はほとんどいなかった。もし金銭的な余裕があれば、ダンディズムを1、2年、キャンプなゲームとして楽しむことはできる。だがそれがせいぜいだった。とっぴな思いつき、あるいは気晴らし。というわけでエドワーディアン・ルックがテッズの魚雷攻撃に遭うと、その後継者は登場しなかった。*原注

サヴィル・ロウも役に立たず、この界隈が力を注いできたヴェルヴェットのカラーとブロケードのヴェストは、もはや使い古された印象を与えた。いずれにせよ、そのあとにつづくスタイルは登場していなかった。戦前に比べると仕立てがいくぶん細身になり、より形がよくなって、重量も軽くなっていたかもしれない。だが、新しいスタイルは存在しなかった。「われわれは現状を検討中だ」と1953年に、男性ファッション協会は発表している。これはサヴィル・ロウの最大手業者のなかから12社が集まってつくったグループだが、その彼らにしたところで、〝検討〟するのが精いっぱいだった。

（実のところ、サヴィル・ロウはただの通りではない。メンズウェア界隈では、ウエスト・エンドのオーダーメイド専門店をあらわす言葉として用いられ、その中心地は

*原注：1960年代の初頭にも別の世代が、同様のパターンを、より過激な形でくり返している（P141～156を参照）。

ボンド・ストリートからおよそ4分の1マイルの範囲で、四方八方に広がっている。そこには仕立屋だけでなく、シャツ屋、帽子屋、靴屋と、19世紀における上流階級の衣類全般を手がける店がある――あるテーラーにいわせると、「紳士とそれ以外の人々」のための店が）

50年代のなかばになると、しきたりの力が薄れはじめた。戦前の息子たちは自動的に父親と同じテーラーに通っていたが、こうした社会階層においても家父長制には変化が起こり、若者たちの離脱がはじまっていた。彼らはサヴィル・ロウをいかさまあつかいした。さんざんフィッティングや調整に時間を取られ、さんざん卑屈な態度を取らされたあげくにできあがったものは？　変わり映えのしない灰色のスーツだった。

といって彼らが群れをなして、すぐさまサヴィル・ロウを見捨てたわけではない。しかし離脱者の数は、最大手の業者ですら不安といら立ちを覚えずにはいられなくなるほど増えていた。これが小さな店になると、1、2軒は即座につぶれ、多くが苦しい経営を強いられはじめた。以後、サヴィル・ロウは苦難の時代に入り、その度合いは年ごとに増していった。

親代々のテーラーをはねつけた反逆児たちは、店で出来合いの服を買いはじめた。唯一の問題は、当時の既製服が注文服に負けず劣らず味気なかったことだ。しゃれたブティックはまだ存在せず、セシル・ジーが唯一のオアシスだった。かくして上流階級の若者たちにとって、50年代はもっぱら失われた10年間となる。

しかしながら一般大衆からすると、サヴィル・ロウは依然として威圧感を持っていた。贅沢さの極みという、シンボリックな地位を獲得したのは世紀の変わり目あたりのことで、そのイメージは集合意識に深く根を張り、簡単には覆せなくなっていた。ロールスロイス、シャンペンのマグナム瓶、太い葉巻、サヴィル・ロウのスーツ——それらは依然として、だれもが夢見る富の象徴だった。

メンズウェアの業界内でも、サヴィル・ロウの地位に揺るぎはなかった。テーラー・チェーンやメイン・ストリートの店は、男性ファッション協会に指針を求め、協会の提案するスタイルは、どんなものであれ、中流階級向けの大量生産品に問答無用で採り入れられた。

いっぽうで当のサヴィル・ロウは、エドワードⅧ世とウィンザー公につづく新たなファッション・リーダー探しに躍起になっていた。彼らの希望は王族だったが、有力な候補者はいなかった。しばらくはエディンバラ公*がその任に就き、華やかなノーフォーク・ジャケットとプラスフォーズ*姿で業界誌用の写真に収まった。だが彼は業界のペースについていけなかった。ウィンストン・チャーチル、アンソニー・イーデン*、

*エディンバラ公
Prince Philip, Duke of Edinburgh（1921〜）エリザベスⅡ世の夫。王室の改革、近代化に積極的で、国民との親密な関係づくりに力を注いだ。

*プラスフォーズ
ニッカーボッカーの別称。

*アンソニー・イーデン
Robert Anthony Eden（1897〜1977）英国の貴族、政治家。第64代首相。彼の愛用したホンブルグ帽は〝アンソニー・イーデン・ハット〟と呼ばれ、公務員や外交官のあいだで流行した。

ケント公*――全員がためされ、全員がお払い箱になった。「育ちも趣味もいい著名人」と男性ファッション協会は自棄気味に問いかけた。「はたしてそんな男が現実に存在するのだろうか?」

実際には50年代にも、サヴィル・ロウの服をうまく着こなす男たちがいた。戦前に自分のスタイルを決め、同様の着こなしを、保守的に、だが気配りと歓びをこめてつづけていた、決して数は多くない、大半は中年の男たちが。

こうし種族の典型だったのが、ワイン・ライターのシリル・レイ*だ。短躯でいびつな体型をしていた彼のことを、ダンディと呼ぶ者はいなかったが、彼が身に着けるアイテムは、そのひとつひとつが完璧だった。靴はコーク・ストリートのクレヴァリーが手づくりし、シャツはエドワール&バトラー、スーツはサリヴァン&ウーリー製だった。また当人も生まれは貧しく、思想的には社会主義者だったものの、典礼にはすべて参加し、オールバニーにアパートを持ち、文芸クラブのアシニーアムに所属していた。

それは優雅な生活で、レイも品のある男だった。彼が服に求めていたのは、鬼面人《きめんひと》を威《おど》すようなインパクトではない。彼にとって重要だったのは装飾品そのものであり、その本質的な中身だった。彼はそうした品々を、この上なく優しくあつかった。スー

*ケント公
Prince Edward, Duke of Kent(1935~) エリザベスⅡ世の従弟。少年時代から女王の代理を務めつづけ、日本にもしばしば訪れている。

*シリル・レイ
Cyril Ray(1908~1991) もともとは従軍記者や新聞社の海外特派員などを務めるジャーナリストだったが、50年代はじめにワイン雑誌の仕事をしたことがきっかけでワイン・ライターとなった。邦訳に『カリフォルニア・ワイン物語――葡萄の谷のロバート・モンダヴィ』がある。

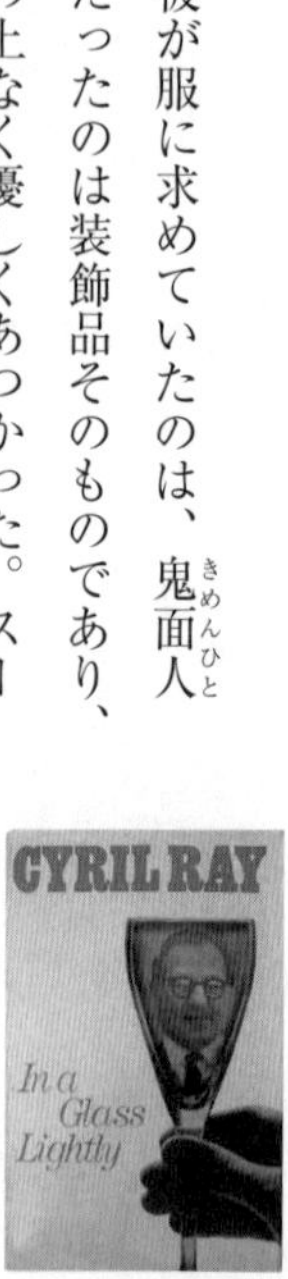

ツにはいつもブラシがかけられ、靴は磨かれ、ズボンはプレスされていた。
60年代に入ると、彼のようなタイプはほぼ絶滅した。ぼくがその名前を口にすると、彼の靴屋は「ああ、ミスター・レイ」と嘆息した。「あとほんの数人でも、彼のような人がいてくれたら。ですがもう昨今は、紳士なんてどこにもいません。いうまでもないことですが」

だがそうして細部にこだわる顧客が死に絶えつつあったとしても、サヴィル・ロウ自体が、かつての徹底ぶりを失いはじめていたのもまた事実だ。人件費は上がり、徒弟はなかなか見つからず、経済的なプレッシャーは甚大だった。その埋め合わせをするために、近道が用いられるようになった。海外のテーラーに比べると、技量のレヴェルは依然として飛び抜けていたものの、戦前の基準に照らしてみると、サヴィル・ロウは手抜きをしていた。

いっぽうで大量生産品の世界では、状況がさらに悪化していた。戦後、メーカーとメイン・ストリートの店ははなばなしく再スタートを切り、業界誌は希望的な観測に満ちあふれていた――配給が終わればすぐに、新時代の夜明けが来る。

グレンジャー&スミスやウーレンズの広告は、そうしたムードを端的に伝えていた。「前を向こう」とその広告にはあった。「そうすればともに、偉業を達成できるはずだ」。

あるいは「楽しみに待とう……奉仕する資格のある者だけが生き残る時代を」。はたまた「われわれの計画はずっと前にできていた――そしてわれわれはあなたともに、長年の労苦の収穫を得ることになる」

その気運は短命に終わった。戦時中の精神は1、2年で薄れ、1950年ともなると、偉業うんぬんはすべて、人知れず忘れ去られてしまう。大量生産産業はそれまで通りサヴィル・ロウのあとを追い、可能な限り変化を排除していた。

50年代の初頭にダブルのスーツは人気を失い、3つボタンでシングルのダーク・グレイ・スーツにその場を譲った。典型的なメイン・ストリート・スーツである。

それはどこからどう見ても、ひどく醜悪なスーツだった。没個性的で、生気がなく、躍動感も皆無。むしろそれはみずからを否定するような、いっさい人目を惹く気のない衣服だった。そしてそれが以後20年にわたり、この国の自己イメージを規定する、英国風のスーツでありつづけた。

その理由は？　一部には自己満足、一部には習慣、そして一部にはなにひとつ新しいものを生み出そうとしない、衣服メーカーの怠慢のおかげだろう。だがこのスーツが生き延びてきた根本的な理由は、それが戦前、ことによってはヴィクトリア朝時代から想を得ていたこと、そして英国人男性の大多数が、依然としてその世界に属していたことだった。

ぼくは戦争によって再形成された社会について書いてきた。ただしいうまでもないことだが、変わったのは若者だけで、それも全員がそうだったわけではない。大半の中年男、そしてその子息のなかでもより保守的な層は、以前と変わらない基準の下で生きていた。彼らの望みは見苦しくない、ビジネスライクで、匿名的な男になることだった。衣服を隠れ蓑にしたがっていたのだ。

業界を動かしていたのも、それと同種の男たちだった。製造業者や営業部長や支店長たちのことで、その全員が本能的に、自己否定のための衣服というコンセプトに追随した。彼らはサヴィル・ロウに範を求め、ダンディズムは自己顕示欲、場合によってはまごうことなき倒錯に等しいと考えた。「重要なのは、おしゃれに見えすぎないことだ」と男性ファッション協会は主張し、業界もそれを受け入れた。

その頂点にはモンタギュー・バートンとヘップワースとアソシエイテッド・テーラーズが、まるでひなを抱く3羽の巨大なめんどりのように鎮座し、メンズウェアの売り上げの3分の2を支配していた。そしてホーン、ジョン・コリアー、ダン、アレクサンダーといったチェーン店が、その翼に護られながら、おこぼれにあずかっていたのである。そこに実験精神はいっさい見当たらず、彼らは銀行に現金があるだけで満足していた。

しかし50年代が終わりに近づくと、さしもの彼らも動揺しはじめた。その背景には不安感があった。貸借対照表にはなんの陰りもなかったものの、セシル・ジーの成功、テディ・ボーイの台頭、そして世間の雰囲気全般の変化がことごとく彼らに影響をおよぼし、未来に対する漠然とした恐怖心を植えつけたのだ。業界は多少なりとも不安を感じはじめ、改革の姿勢を見せるようになった。

彼らはまず、海外に目を向けはじめた。外国人のあとを追うなど、戦前には考えられないことだった。しかし1956年にセシル・ジーがイタリアン・ルックを導入し、大々的な利益を上げると、さすがに無視するわけにはいかなくなった。業界誌はヨーロッパのデザイナーが手がけた衣服を取り上げ、ヨーロッパのトレンドを論じ、服飾メーカーは群れをなして、年に1回開催されるメンズウェアの狂宴、サンレモ男性モード・フェスティヴァルにくり出した。

長い目で見ると、こうした動きはなにひとつ、大きな実を結ばなかった。大陸のファンションがあまりにも先を行きすぎていたせいで、その布地や色彩の幅広さに圧倒された英国のメーカーは、尻尾を巻いて退散するしかなかったからだ。冷や汗をかきながら、彼らは本拠地のリーズに逃げ帰った。「英国人にはモットーがある」とイタリアのデザイナー、ブリオーニ*は語っている。「すぐに『それはできない』と口にすることだ」

それでもサンレモには、ファッション・ショーを盛んにするという副次的な効果があった。男性ファッション協会はすでに、サヴォイでショーを開催していた。変わり映えのしない3つボタンのシングル・スーツを、シャネルかモリヌーの商品であるかのように紹介していたのだ。すると今度は、大量販売業者が、インターナショナル・ボーイズ&メンズウェア・エキシビジョン（ＩＭＢＥＸ）と呼ばれる催しを年に１回アールズ・コートで開くようになった。

カーニヴァルの通例に従い、これはかなり安っぽいイヴェントで、灰色のスーツがいくつも列をなしていた。しかし年を重ねるごとに注目度も高まり、参加者数も増加した。それは世間一般の関心の高まりを示すものだった。どれだけ大人しいものだったとしても、わざわざ時間を取って男性の衣服を見に行く人々があらわれたという事実自体が、ひとつの進歩だったのである。

50年代はまた、専業の男性モデルが活躍しはじめた時代だった。それ以前、この分野はもっぱら仕事にあぶれた俳優たちの逃げ場となっていた。だが１９５３年にジーン・スコット＝アトキンソンという女性が男性と女性両方のモデルをあつかうエージ

＊ブリオーニ
１９４５年にイタリアで設立されたメンズウェア・ブランド。ブランド名はかつてイタリア領だったクロアチアのブリユニ諸島に由来する。だが著者はどうやらデザイナーの名前だと誤解しているようだ。

Brioni

エンシーのスコッティーズを開業し、じきに彼女のもとからは、マイケル・ベントレーというスーパースターが登場した。

ベントレーはフィラデルフィア生まれのアメリカ人で、ロンドンにやって来たのは１９５２年。まずは広告マン、次いで俳優に転じたが、成功を収めるのは、１９５４年にプロのモデル業をはじめてからのことだ。

それを機に彼は、破竹の活躍を開始する。これといって売りこみはせず、写真に名前がついているわけでもなかったのに、50年代を通じて週に平均３００通のファン・レターを受け取っていた。リチャード・グリーン*やロジャー・ムーア*も一時スコッティーズに所属していたが、手紙が来るのはいつも決まってベントレー――本人のいう〝ツイッギーの50年代版〟だった。１９６１年に引退し、ハーディ・エイミスで働くようになってからも、彼に代わる存在はあらわれなかった。

しかし長い目で見ると、ほかをはるかに圧して重要な50年代の変化は、化学繊維の台頭だった。まだいくぶんうさんくさい目で見られ、ハイ・ファッションには用いられていなかったものの、メイン・ストリートでは完全に主力だった。１９５０年以降は拡大に次ぐ拡大をつづけ、この10年間が終わるころにはもう、すっかり主流になっていた。テリレン、ナイロン、レーヨン、混紡――突然、すべてが人工品と化した

*リチャード・グリーン
Richard Marius Joseph Greene（１９１８～１９８５）英国の俳優。１９５５年に放映が開始されたＴＶシリーズ「ロビン・フッドの冒険」で人気を博し、その後もおもにＴＶの世界で活躍した。

*ロジャー・ムーア
Sir Roger George Moore（１９２７～２０１７）英国の俳優。60年代はじめにＴＶシリーズ「セイント　天国野郎」でスターになり、１９７３年にはショーン・コネリーの後任として００７シリーズ『死ぬのは奴らだ』に主演。歴代最多の7作品でジェームズ・ボンド役を演じた。

かに見えた。

それはその先の未来にも、影響をおよぼしかねない動きだった。化学繊維は経済的かつ実用的だったため、何十年かすると、天然繊維を完全に駆逐してしまう可能性すらあったのだ。それゆえそのデザインにも、じゅうぶん注意を払う価値があった。

だがそうはならなかった。50年代の化学繊維は、見るからにおぞましかった。安価だったのはまちがいないが、見てくれもその通りだった。ノーアイロンでしわにならない化学繊維は質の悪いプラスティックのようにかさつき、おかげでメイン・ストリートは以前にも増して見栄えが悪くなってしまう。戦前のそこは、単に退屈なだけだった。だが今や、いかがわしさも感じさせるようになっていた。

6章

イタリアン・ルックとカジュアルウェア――黄色い靴下はもう流行《イン》じゃありません

はじめてロンドンに来た1956年、ぼくはよく午後いっぱいをチャリング・クロス・ロードですごし、セシル・ジーのショーウィンドウに鼻をぴったりくっつけていた。店内は『ヴァテック』*のような壮麗さで、あんなにも輝かしい景色を目にするのは、生まれてはじめての経験だった――ラメかシルクかサテンをあしらったダンスバンドのユニフォーム、すべてが星とピカピカの金属片《ティンセル》で飾られ、栗色、金色、紫色、銀色と澄んだ空の青のかたまりが、花火のようにきらめいている。

それはロンドンを代表するランドマークのひとつで、ぼくからすると、ジーの最高傑作だった。ただし当の〝ミスター小粋《スウィッシュ》〟からすると、田舎くさい場所でしかなかったはずだ――1959年の時点で14店に拡大し、200万ポンド近い年商をあげる

*ヴァテック
Vathek　ウィリアム・ベックフォードが1786年に発表したゴシック小説の古典。地獄をエキゾティックに描き出し、当時の社会でセンセーションを巻き起こした。

*トミー・スティール
Tommy Steele（1936〜）英国初のロックンロール・スターといわれるシンガー。1957年に〈シンギング・ザ・ブルース〉で全英1位を獲得し、アルバム《トミー・スティール・ストーリー》でもやはり全英1位に輝く（英国人アーティストとしては初の快挙だった）。60年代以降はミュージカルに軸足を移した。

ようになっていた帝国の、ほんの小さな一側面。

1957年までずっと、芝居っけと値打ちの両面で彼に太刀打ちできる者はいなかった。どんなファションであろうと、最初に、もっとも臆面なく採り入れるのは彼で、ロックンロールが登場すると、トミー・スティール*とマーティー・ワイルド*の衣裳を手がけた——ちょうど以前、ジャック・ヒルトンの衣裳を手がけていたように。

彼はまた、アメリカ人的な見てくれを望むモダン・ジャズのミュージシャンも、ほぼ一手に引き受けていた。50年代になると、大西洋の向こうのスタイルは、もやはズート・スーツや手描きのネクタイではなくなっていた。代わりに訪れたのはクールの時代、ジェリー・マリガン*とチェット・ベイカー*、そして下唇から煙草をたらし、髪はネロ風に短く刈って、皮下注射器とサングラスを愛用する、半目のドラマーの時代だった。すべてが陰気で地味な雰囲気を漂わせ、スーツも暗めで保守的だったが、英国のスーツに比べるとカットは大きく、胸と肩を強調したより男っぽいつくりだった。

もし完全に正確を期したいということであれば、ロンドンでいちばん進んだ、本格的な見てくれのアメリカン・スーツをつくってくれるソーホーのテーラー、ベン・ハリスに足を運ぶ必要がある（「ほとんど天才だよ」と彼の下で働いていたエリック・ジョイは語る。「しかもわたしが出会ったなかでは最高の、だれよりも正直な男なん

*マーティー・ワイルド
Marty Wilde（1939〜）ビートルズ登場以前の英国で人気を博したロックンローラーのひとり。〈エンドレス・スリープ〉、〈シー・オブ・ラヴ〉などをヒットさせ、60年代以降はおもに作曲家、プロデューサーとして活動していたが、今も現役でツアーに出ている。

*ジェリー・マリガン
Gerald Joseph Mulligan（1927〜1996）洗練されたサウンドのウエストコースト・ジャズをリードしたアメリカのバリトン・サックス、ピアノ奏者。

*チェット・ベイカー
Chesney Henry Baker（1929〜1988）ウエストコースト・ジャズの代表的なトランペッターだが、ヴォーカリストとしても知られている。破滅型の人生を送り、その生涯は『ブルーに生まれついて』（2015）と題する映画になった。

だ」)。だが大半のミュージシャンがそうだったように、貧乏で堪え性がない場合には、セシル・ジーで妥協し、ジェラルド*の海軍がアメリカから持ち帰ってくる、当時の英国では入手できなかったオールド・スパイスで自分をなぐさめるしかなかった。

モダン・ジャズ的なファッションは、当のミュージシャンだけでなく、セミプロやファンや野次馬をふくむバップ・シーン全般や、ウエスト・エンドの若い遊び人たちにも採り入れられた。

それでもジーが1956年にスタートさせたイタリアン・ルックに比べると、これはまだまだ小規模な動きだった。

「シャフツベリー・アヴェニューに店を開いたあと、きらびやかなアメリカン・スタイルを経由して、小ぎれいさへの回帰がはじまっているのに気づいたんだ」と彼は語る。「その後、わたしは休暇でイタリアに行った。そこにはすばらしい布地や色彩がいくらでもそろっていたし、業者はこっちが頼んだものを、なんだって用意してくれた。それでここはわたしにぴったりだと思ってね。そのシーズンのテーマは100パーセント、イタリアものにすることにして、その時はじめて、ああいったエレガンスが英国にもたらされたんだ」

だが実状はここまで天啓じみたものではなかった。サンレモのフェスティヴァルや

＊原注：バンド・リーダーのジェラルドが大西洋横断定期船に手配していたミュージシャンのこと。そのミュージシャンたちは50年代を通じて、アメリカ的なるものすべての貴重な供給源となった。

ブリオーニのようなデザイナーを通じて、少なくとも業界内では、イタリアのスタイルがすでに知れわたっていたし、ファッション・ジャーナリストは数か月前から、ブームを予言していたからだ。イタリアン・ルックを発見したのは、セシル・ジーではない。単にはじめてそれをよしとして、プッシュするだけの勇気とエネルギーがあっただけだ。

ローマのブリオーニは当時のイタリアを代表するデザイナーで、ジーのイタリアン・ルックにしても、そのベーシックなスタイルのヴァリエーションにすぎなかった――モヘアのような軽量の生地を使った、丈の短いボックスシルエットのジャケットと、細身のズボンである。

ブリオーニのヴァージョンもすでに、締めつけと圧迫を感じさせていたが、ジーがそうした特徴を強調すると、まるで弟の服を着ているような感じになった。ジャケットは背中がずり上がり、そこから〝ケツの凍る服《バム・フリーザー》〟というニックネームが生まれた。ズボンは短すぎて足首がむき出しになり、胸のボタンはキツキツだった。足を締めつける先のとがった靴に合わせて着ると、まるで瓶に閉じこめられているような印象を与え、くしゃみをするたびにボタンが飛んだ。

このイタリアン・ルックには、いくつもの改良が加えられていた。丈の短さ以外にも、ジャケットの襟は細く、裾はえぐれていた。シャツの襟は小さく、50年代の末にはボタンダウンになった。ネクタイは細かった。髪の毛は短く、すべてが切りつめられていた――細身のズボン、先のとがった靴、肩のないジャケット。

ジーの意図はどうあれ、それはどう見てもエレガントではなかった。美しさの点から見るとメイン・ストリートと大差がなく、ねずみ色《ダーク・グレイ》は依然として健在だった。しかしそれは少なくとも前進だった――目新しく、少しばかり派手で、とりわけロンドンと南部では、50年代末における若者のベーシックなスーツとなった。

事実、それはテディ・ボーイ・ファッションをも上まわる成功を収めた。労働者階級限定ではなく、不良少年的なイメージとも無縁で、ほとんどまっとうともいえそうなスタイルだったからだ。逆に硬派のテッズからはヤワなファッションと見なされ、完全に無視されていた。

以前のどんなスタイルにも増して、イタリアン・ルックは階級の垣根を越え、極端なファンだけでなく、労働者階級から中流階級まで、幅広い層の穏当な青少年――仕事に就き、家族とフィアンセがいる若者や、カミソリを持ち歩いたり、女性の前で悪態をつくような真似はしない若者たちにも受け入れられた。

しかもこのスタイルは息が長かった。丈の短いジャケットと細身のズボンをベースにしたスタイルは、以後8年間にわたり、連綿と引き継がれていったのである。まずは元祖のイタリアン・ルック。次いでのちにビートル・スーツとして復活を遂げる、丸首のカルダン・スーツ。最後にカーナビー・ストリート初の定番ファッションとなるモッズ・スーツ。また英国以外の場所では、さらに寿命が長かった。たとえばサハラ以南のアフリカでは、バム・フリーザーと先のとがった靴が今も幅を利かせている。「きっと驚くよ」とアフリカでの戦闘を数限りなく撮影してきたドン・マックリンは語る。「砂丘を乗り越えたらとんがった靴が1足、空を指している光景を何度目にしたことか」

英国では、最初の弾みをつけたセシル・ジーを受けて、ジョン・マイケルというチエーン店を所有する*ジョン・マイケル・イングラムが、このスタイルに改良を加えた。イングラムは1957年、27歳の時に最初の店を開き、当初はそれ――自分の年齢をいちばんの売りにしていた。単に競合相手よりも若かっただけではなく、まったく別の世代に属していた彼は、顧客と年齢が変わらない、史上初の店主だった。

やはりメンズウェアを商う父親はチェルシーに数軒の店を構えており、最初のジョン・マイケルも、チェルシーのキングス・ロードで開業した。当時のチェルシーは、ようやくファッショナブルな界隈になりはじめたところだった。突然、新しいビスト

＊ジョン・マイケル・イングラム　John Michael Ingram（1931～2014）　英国のファッション・デザイナー。70年代なかばに小売からファッション予測に転じ、トレンドのガイドを刊行するデザイン・インテリジェンス社を設立。その予測の正確さで高い評価を得た。

ロやコーヒーバーやショップが、軒を連ねはじめたのだ。なによりも大きかったのは、マリー・クヮントがバザーをオープンしたことで、この店は女性ファッションに絶えずショックを与えつづけたが、ジョン・マイケルは彼女の男性版に、もっとも近い存在となった。

セシル・ジーに比べると、派手やかさでは負けていたものの、洗練の度合いや価格では勝《まさ》っていた。端的にいうと、より中流階級的だったわけだ。「ジーは楽しめるし重要な存在でしたが、基本的には悪趣味でした」と彼はいう。「ぼくは同じようなワクワク感を、もっと上品に届けたいと思ったんです」

彼は半分だけ成功した。下品ではなかったが、ワクワクさせてくれなかったのだ。ジーがときたまやっていたように、低俗なコメディ路線に足をつっこんだときも、決してアメリカン・ルック並みに楽しく、イメージに富んだ結果を出すことはできなかった。

それでもなお彼は重要で、革新的な存在だった。「ぼくは男性ファッションの中道をつくり出したんです」と彼は、あくまでも事実を述べているにすぎないという淡々とした口調で語る。「ジョン・マイケルの前は、退屈か派手な服のふたつにひとつしかありませんした。無理のない妥協はありえなかったんです」

このギャップを埋めるべく、イングラムはベーシックなイタリアン・ルックから過剰な部分を取り去った。依然として丈は短く、ウエストはほとんど絞られていなかったものの、もはや〝ケツ冷やし〟とはいえず、滑稽な要素もなくなっていた。

通常、彼は警戒心を抱かれることのないように、落ち着いた色のスーツをつくっていたが、退屈にはならないように、裏地はとても派手にしていた。これもやはりバランスであり、ひとつの妥協だが、ジャケットの前を開いてなため向きに座れば、カワセミのような派手さを見せつけることができた。

イングラムはほかにもストライプのシャツや、ボタンダウンのような各種の襟、細身のネクタイとそれに合わせたハンカチ、そしてスリムのズボンを大々的にプッシュした（なかでもストライプは重要な新機軸だった。黒と白、あるいは濃紺と白からよりエキゾティックな色合いへと進化したストライプは、数年にわたってシャツのファッションを支配し、その後もくり返し復活を遂げている）。

こうしたスタイルはすべて他の場所でも取り上げられ、コピーされて全国的な成功を収めた。時にはティーンエイジ市場向けに飾り立てられることもあったものの、ジョン・マイケル自体の顧客は大半が20歳から35歳までの年齢層――メディア人種、若きビジネスマン、チェルシーの住人、そしてそうした世界に単純に憧れている人々だった。進歩的だが用心深い、ファッション版の白人リベラルともいうべき、おっかなびっくりの冒険者たちである。

　イングラムのピークは１９５９年から62年にかけての年月で、この時期、彼は全男性ファッションの中心にいた。するとそこにジョン・スティーヴンとカーナビー・ストリートがあらわれ、その座を彼から奪取する。別の顔や別の店が群れをなしてＴＶに登場し、新しいスタイルと方向性を生み出した。ジョン・マイケルの立ち位置は、エスタブリッシュメント側に移行した。

　たぶん、心配は無用だったのだろう。華がなくなってもなお、彼は利益を増やしつづけ、新しい支店を開業していた。ガイという若年層向きのチェーンをスタートさせ、次にカウボーイとインディアンの装束を売るウェスターナーという別のチェーンを立ち上げた。ポーターや航空会社の従業員の制服をデザインし、卸売りにも手を染め、デザインのコンサルタント業務を開始した。１９６８年ごろには手の広げすぎで破産寸前まで追いこまれたが、すぐさま立ち直り、現在ではかつてないほどの隆盛を誇っている。

　流行の仕掛け人としての彼に、どれだけいたらない点があったとしても、その影響力は甚大だった。個人的なレヴェルでいうと、**メンズウェアの小売に新たなスタイル**

を切り開き、衣服をキャベツとは別物として売った初の店主が彼だった。愛想がよく、ざっくばらんで、ジョン・マイケルなら買いものをしていても、威圧感を感じなくてすんだ。好きなだけ時間をかけて服をチェックでき、買いたくなければ買わなくてもよかった。それどころかいるだけで楽しめ、その意味でイングラムの店は――当人はこの言葉を使わなかったものの――**最初期のブティック**といえた。

デザイナーとしての影響力は、さらに広範囲におよんでいた。彼の流儀に従って、おおよそ似たような顧客を狙った店が次から次へと開業し、それが英国ファッションの中道、すなわち屋台骨となってきたのだ。ジャスト・メン、キュー、ウェイ・イン、ワン・アップ、ザ・スクワイア・ショップ……あのセシル・ジーまでが、以前よりずっとおとなしく、ずっと地味なスタイルに転じた。

ブレイズやミスター・フィッシュのような艶《あで》やかさはなくても、こうした店はより多くの売り上げと顧客を獲得し、最終的には男性全般のよそおいに、ずっと大きな影響をおよぼした。それはかねてから英国人が選びがちだった、中途半端な解決策となった。「全般的に中庸な品々」と当のイングラムは表現する。

ぼく自身についていうと、決してジョン・マイケルの服は好みではなかったし、実際に買った覚えもない。正直なところ、中庸は凡庸のいい換えとしか思えなかった。

ただしそれはあくまでも個人的な見解にすぎず、ファッション・ライター全般の見方は異なっていた。「ぼくは品のよさを目指してきました」とイングラムは語る。その言葉に嘘はなかった。

とはいえ話を50年代末にもどすと、イタリアン・ルックはいくつかの支流を生んだ。アメリカン・スタイルやテッズと異なり、メイン・ストリートでも採り上げられ、ビジネスマンに売り出された。むろん、トーンダウンはしていたものの、ウエストを絞らないずんぐりとしたシルエットが基本にあることに変わりはなく、チェーン店に行くと、いまだに同じジャケットを入手できる。

スーツのほかにも、イタリア風ファッションの影響はセーターや靴やパンツといった、今ではカジュアルウェアと総称されるジャンルすべてにおよんでいた。

50年代の最末期には、クリフ・リチャードがTVの「オー、ボーイ!」*で着ていた黒いシャツと白いネクタイが流行し、まずティーンのあいだで火がついたこのスタイルが、以前はズート・スーツを愛好していたストリップ・クラブの客引きやケチな泥棒たちにもてはやされるようになった。

とくに多く見かけられたのがソーホーで、イタリアン・ルックに身を包んだ男たちが、マフィアをネタにしたB級映画のエキストラよろしく、街角や店の入口に立って

*オー、ボーイ! Oh Boy! 英国ではじめてティーンエイジャーにターゲットを絞った音楽番組。1958年から59年にかけて放映された。

いた——黒シャツに白タイ、ピカピカのスーツにサングラスをまとい、指には複数の指輪をはめ、ガムを噛んでいる男たちが。

もっと一般的なレヴェルでいうと、カジュアルウェアはもっぱらニットウェアとスラックスを意味し、イタリアから直接ではなく、イタリア系のアメリカ人経由で採り入れられていた。

それは大部分、新しい現象だった。デザインに特化してデザインされた衣類など、過去にはほぼ存在せず、週末になると労働者階級は一張羅でドレスアップし、上流階級は古いツイードでドレスダウンしていた。いずれにせよ、ファッションやデザインとはなんの関係もない。だがハロルド・マクミラン*のいう「かつてなかったほど《ネヴァー・ハッド・イット・》幸せ《ソー・グッド》」な時代が来ると、これまでになく余暇の時間と、そこで使える金額が増え、カジュアルウェアがまったく別個の産業として台頭した。

スーツの場合と同じく、ここでもブリオーニの影響は大だった。このデザイナーは1950年ごろからニットウエアの実験を重ね、さまざまな形状や素材をためしていた——クルーネックやVネック、シャギーなモヘアのセーターやカシミアのカーディガン。ブリオーニはニットウェアのコンセプトを、ぶかぶかのセーターや虫に食われたカーディガンから〝ファッション〟に変え、大衆市場もすぐさまに追随した。

＊ハロルド・マクミラン
Maurice Harold Macmillan（1894〜1986）英国の第65代首相。外交と経済に力を注いだが、プロヒューモ事件（内閣の陸相が売春婦に国家機密を漏洩した）のあおりを受けて辞任した。

当初、カジュアルウェアはティーンエイジャーに狙いをつけていた。アメリカでは、フィラデルフィアから大挙して登場したティーン・アイドルが全員Vネックのセーターとイタリアン・ローファーを着用し、イギリスでもアダム・フェイス*がおおむね同じスタイルを採り入れた。しかしテディ・ボーイのユニフォームと異なり、ティーン専用という空気は皆無だった——やわらかでくつろげるカジュアルウェアは、本質的に着心地がよく、フェビアン*やフランキー・アヴァロン*と同様、ペリー・コモ*が着ても違和感がなかった。

といってカジュアルウェアがすべて、イタリア起源だったわけではない。なかにはブレザーやピカピカ光る真鍮のボタン、ストライプの入ったアイヴィー・リーグのジャケット、そしてスクエア・ダンスや木こりを連想させる太いチェックのシャツのように、完全にアメリカ起源のものや、ジャケットと靴の両方におけるスエードの流行、そして騎兵隊風のあや織りズボンのように、自国産のものもあった。

しかしながらカジュアルウェア、そしてティーンエイジ・ファッション全般の絶対的なセンターは、ジーンズだった。

むろん、それ自体は目新しいものではない。だがその役割は完全に変化した。50年代以前のジーンズは、オーヴァーオールと同様、もっぱら仕事着と見なされていた。

*アダム・フェイス
Adam Faith（1940〜2003） 60年代初頭に6曲連続で全英トップ10入りするヒットを放ったシンガー。80年代以降は投資家、財政アドヴァイザーとして活躍した。

*フェビアン
Fabian（1943〜） アメリカのティーン・アイドル。ヒット曲に〈タイガー・ロック〉、〈離しておくれ〉などがある。

*フランキー・アヴァロン
Frankie Avalon（1940〜） アメリカのシンガー、俳優。1959年に〈ヴィーナス〉で全米ナンバー1に輝き、1976年にもふたたびこの曲のディスコ・ヴァージョンをヒットさせた。

*ペリー・コモ
Perry Como（1912〜2001） 〝うたう床屋さん〟

だが今や、それがひとつのシンボルとなっていたのだ。

最高品質のジーンズといえば、アメリカのリーバイスと相場は決まっていたが、50年代の英国ではまだ、入手することができなかった。そのためアメリカから取り寄せる以外になく、そうして手に入れたジーンズをはいたまま風呂に入り、肌のようにしっかりなじませてから、天日干しにして色を落とすのがおしゃれのコツとされていた。**リーバイス、さらにはジーンズ全般のすばらしいところは、依然として大人には手が出せないことだった。**ほかのカジュアルウェアとはちがって、薄めるわけにはいかなかったのである。バム・フリーザーはジョン・マイケル・イングラムがインパクトを弱め、メイン・ストリートにとどめを刺された。クルーネック・セーターとスリッポンの靴は、デブでも着られるプルオーヴァーやスリッパや丈の短いカーコートによって戯画化された。だがジーンズはなにがあろうとジーンズだった。

とはいえそれは自動的に、イタリアン・ブームの説明ともなる。このブームはティーンエイジャーがテッズとして獲得したアイデンティティを地ならしし、低下させる役割を担っていたのだ。

最初の爆発は無法地帯《ジャングル》の少年たち自身が、妥協ぬきで起こしたものだった。すると商売っけのある連中がそのエネルギーを認め、中年にも受け入れられる形につくり変

と呼ばれたアメリカのシンガー。1936年にデビューし、つややかな歌声と親しみやすい人柄で長年にわたり人気を博した。ヒット曲は〈パパはマンボがお好き〉、〈イッツ・インポッシブル〉、〈アンド・アイ・ラブ・ユー・ソー〉など多数。

えようとした——親の考える、思春期の青少年のあるべき姿に合致した形に。

エルヴィス・プレスリーとリトル・リチャードによって解き放たれたロックンロールのエネルギーが平準化され、ディック・クラークの「アメリカン・バンドスタンド」[*]やパット・ブーンに転化されたように、ドレープや派手なソックスはカーディガンにその座を奪われた。サムソンの長髪は刈りこまれ、部族的な力は失われた。すべてが小ぎれいに、品よく仕立てられ、カジュアルウェアは〝ぼくは女性に席を譲り、歯を磨き、お祈りをするタイプです〟という宣言になった。

その流れに逆らったのは、2組のマイノリティだけだった——のちにロッカーズとなるカミナリ族《トン・アップ・ボーイズ》とビートニクである。

態度、言葉づかい、価値観の面で、カミナリ族はテッズの正統な後継者だった。変わったのはユニフォームだけ。似非エドワード朝時代風の代わりに、彼らはマーロン・ブランドが主演した『乱暴者』、そしてそのモデルとなったヘルズ・エンジェルズのスタイルを採り入れ、背中に鋲を打った黒の革ジャンと黒のブーツを着用した。バイクに乗り、群れをなして移動し、サーヴィスエリアにたむろし、胸の大きいブロンドを好み、相変わらずエルヴィス・プレスリーを崇拝していた。

50年代末に、チャリング・クロス・ロードで舞台用のブーツをつくっていたアネロ

＊アメリカン・バンドスタンド
American Bandstand
1952年から89年にかけて放映されていた音楽番組。トップ40の音楽に合わせてティーンエイジャーが踊るという内容で、56年以降、一貫して司会を務めたディック・クラークは、アメリカの音楽業界で隠然たる権力をふるっていた。

&ダヴィデという会社が売り出したキューバン・ヒールのブーツ、またの名をチェルシー・ブーツも、やはりユニフォームの一部となった。

それは華麗で、美しく、デカダンな物体だった。スタイルはサイドゴア、かかとはおよそ2インチの高さがあり、甲の部分は中空になっている。英雄的な行為や白昼の下での銃撃戦、そして暴力とセックスを連想させ、自分たちをならず者と見なしていたカミナリ族のご用達となった。カミナリ族ばかりではない。もっとスタイルにこだわりのないグループ、バイクを持っていない少年たちも、やはりこのブーツを採り入れた。じきに派手さを好む不良気取りのティーンエイジャー全般に広まり、すると今度は靴のチェーン店が採り入れ、ほぼまっとうなスタイルに仕立て上げた。つま先を尖らせた結果、甲が平らになり、一気に特異性を失ったチェルシー・ブーツは、とりわけ北部で、ブルージーンズとヘアオイルに合わせる定番の靴となった。

同時に、初代のビート族が台頭しつつあった。ジャック・ケルアックやアレン・ギンズバーグに範を取り、完全にアメリカを模倣していた彼らは大半がロンドンに集中していたが、地方の都市でも顎ひげを生やした20人ほどの小集団が地下室に集い、むずかしそうな顔をして詩の朗読やジャズに聞き入っていた。

ボヘミアンの伝統を汲む彼らは、おしゃれを嫌った。髪を長くのばし、異臭のする古セーターと絵の具で汚れたジーンズをまとい、足は裸足かサンダルばきで、〝原水《バン・》爆廃絶《ザ・ボム》〟のバッジをつけていた。深遠さと独創性を追い求め、時にはまだ不慣れだったせいでいくぶん緊張しながら、マリファナ煙草をまわし飲みすることもあった。

ビート族自体に、大きな意味があったわけではない。アメリカではかなり大きな動きとなって、現実的な変化への気運を生み出していたものの、イギリスの常勤メンバーはせいぜい２０００人程度にすぎず、基本的にはマンガ家のネタになる、安全な変わり者の域を出なかった。

とはいえ彼らの影響力には、無視できないものがあった。長期的な目で見ると、髪と髭を伸ばし、まっとうな社会をとことん見下し、無秩序のなかで団結していた彼らは、ヒッピーの登場を予見させる、先がけ的な存在だった。

短期的な目で見ると、彼らはビート族のくそ真面目なスタンスをゲーム感覚で模倣する、一群の非常勤メンバーを生みだした。ひと世代の美術学生、美術学生もどき、反抗心旺盛な6年生や、＊オルダーマストン行進に参加するようなタイプ全般が、上辺だけこのスタイルを採り入れていたのだ。彼らは髪を少し伸ばし、ジーンズにわざわざ絵の具のシミをつけ、四角張った連中《スクエア》や戦争屋について、二三のスローガンを口にした。しかし禅宗を学んだり、セロニアス・モンク漬けになったりする代わりに、酔

＊オルダーマストン行進　1958年3月のイースターに、ロンドンから核兵器工場のあるオルダーマストンに向けておこなわれた平和行進。

っぱらったり、トラッド（英国風のトラディショナル・ジャズ）に合わせてピョンピョン跳ねたりするだけで満足していた。

　彼らはありえないほどぶかぶかのセーターを着用し、クラリネット奏者のアッカー・ビルク*にちなんで〝アッカー〟と記されたボロボロの山高帽をかぶった。政治だけでなくセックス目的でも行進に参加し、とてもごきげんな時をすごしていた。

　いっぽうで大学生は、やはりおしゃれとは無縁だが、その点をさほど強くアピールしていないダッフルコートを着用するケースが多かった。このコートが最初に人気を獲得したのは戦後の放出品時代のことで、その後、1951年に、〝紳士、豪農、船員、有閑人、そしてインテリ〟用の装束として一般的に売り出された。

　当初はその惹句通りの層に売れ、ウィンストン・チャーチルも毛皮の襟がついたダッフルコートを1着、自分の誕生日用に購入した。だがそれは次第に学生たちと、『アウトサイダー』*を愛読する層のご用達となってゆく。フードとトグルつきで、どこからどう見ても没個性的なダッフルコートはしかし、少なくともその醜悪さを恥じていなかった。怒りと恐怖を呼び起こすことを狙った、ボヘミアンのこれ見よがしなおしゃれ嫌いアピールと異なり、これはむしろファッションに対する、関心の無さの表明だったのだ。前にカレーのシミをつけたまま、ポケットにランボーの詩集を入れ

*アッカー・ビルク　Acker Bilk（1929～2014）　英国のクラリネット奏者、バンドリーダー。子ども時代にそりの事故で人差し指の先端を切断するが、それを逆手にとって独自の演奏スタイルを生み出した。最大のヒット曲〈白い渚のブルース〉は、ビートルズ以前に全米ナンバー1ヒットを記録した数少ない英国産レコードのひとつ。

*原注：コリン・ウィルソンの手になる、みずから好んではぐれ者となった人々のロマンティックな研究書で、当時はカルト的な人気を誇っていた。

て着用されるダッフルコートは、〝虚栄や肉欲には興味がない。もっと上のレヴェルにいるんだ〟というアピールだったのである。

というわけで一見すると、50年代末にはこれといってすべてを包括するパターンが存在せず、カーナビー・ストリートの台頭を予感させる要素も皆無だった。現に二三の例外をのぞくと、それは仕切り直しや迷いやいいわけにまみれた、撤回の時期だったように思えた。

しかしながらその間ずっと、衣服全般に対する男性の関心は、はっきり指摘するのが不可能なぐらい、ゆっくりと高まっていた。テッズほど過激ではなかったかもしれない。だが業界は全体的に盛り上がりを見せはじめていた。

ジョン・マイケルの成功はひとつの指針となり、カジュアルウェアがブームを迎え、アールズ・コートでＩＭＢＥＸの展示会が開かれた。しかしその変化は基本的に定義不能だった。せいぜい街角がいくぶん彩り豊かに見えるようになった程度で、雰囲気は全体的にリラックスしていた。着飾るのは悪だという考えは消え去りつつあった。

なにもかもが緩んでいた。性的、社会的な基準がより柔軟になり、英国がワンダーマック*的な居心地のよさになじんでいくにつれて、服装の許容度も否応なしに高まった。いにしえの制約は、もはやほとんど通用しなくなっていた。服装にはもう、着用

*ワンダーマック
ハロルド・マクミランのニックネーム。

者の地位を示す必要がなくなり、ずっと変わらずにいる必要もなくなっていた。

なかでもとくに大きかったのが、最後の方向転換——スタイルの変化するスピードだ。戦前の新しいファッションは、短くても10年は持っていた。それが今や、下手をすると数か月で消え去るようになっていたのだ。

かくしてセシル・ジーの店に赴《おもむ》き、黄色い靴下を買い求めようとしたジョージ・メリーは、店員にしげしげと見つめられて、冷笑を浴びせられる羽目になる。「いいえ、お客様、黄色い靴下はもう流行《イン》じゃありません」メリーは赤面しながら退散した。〝流行《イン》〟と〝廃り《アウト》〟——これは新しい、魅力的なコンセプトだった。ことここに至るともう、カーナビー・ストリートの台頭は時間の問題でしかなかった。

7章　チェルシー——ファッションの中心地への歩み

戦後の年月、ソーホーは30年代と同様、ロンドンのボヘミアンにとって、揺るぎのない中心地でありつづけた。そのヒーローはディラン・トマス*、フランシス・ベーコン*とジョニー・ミントン*。皆は〝ヨーク・ミンスター〟の異名を取るパブのフレンチ・ハウスとミュリエルズ*。主なエネルギー源はアルコール。そしてユニフォームはぶかぶかのセーターにぶかぶかのコーデュロイ・パンツとサンダルという、典型的な芸術家風の装束だった。

しかしながら50年代もなかばに差しかかると、バランスはソーホーからチェルシーに移りはじめ、それとともに服装が、ずっと重要になってきた。その根本的な理由は、テッズとアメリカ映画のニュー・ウェイヴ、とりわけジェイムズ・ディーンとマーロン・ブランドが主演した映画の影響で、ボヘミアンのイメージ全体が変化していたこ

*ディラン・トマス
Dylan Marlais Thomas（１９１４～１９５３）　英国の詩人、作家。ロマンティックで斬新なイメージの作品で一世を風靡するが、酒に溺れ、39歳の若さで死亡した。

*フランシス・ベーコン
Francis Bacon（１９０９～１９９２）　英国の画家。激しくデフォルメされた人物像で知られ、現代美術にも多大な影響をおよぼした。

*ジョニー・ミントン
Francis John Minton（１９１７～１９５７）　英国の画

とだ。主だった幻想の座を、遊び人《ハスラー》がかなりの部分、芸術家《アーティスト》から奪いはじめ、ソーホーのロマンスは、その魅力を失いつつあった。屋根裏部屋で飢えに苦しみ、自分の魂をペンか絵筆経由でほとばしらせながら、酒に溺れて若死にする――そうした画になる貧しさが、以前ほど英雄的とは思えなくなっていたのだ。その代わりに一気に浮上してきたのが、タフさだった。

メイラーやジャクソン・ポロックの流儀に沿って、アーティストはヘヴィ級ボクサーのようなイメージをまといはじめた。無駄口を叩かず、ギャンブルや違法行為に手を染め、謎めいた雰囲気をかもし出し、ヤクザ者とファースト・ネームで呼び合う仲になるのが、シックとされるようになってきたのだ。ここでの重要な言葉が〝クール〟で、これは〝ヒップ〟といいかえることもでき、そのふたつの言葉には、魅力とスタイルと自給自足という意味がこめられていたが、そこにはまたお金とステータス・シンボルという意味もあった。いいかえるならイメージであり、イメージに衣服は不可欠だった。

古いスタイルは死に絶えたとか、今はもう生き残っていないといいたいわけではない。ヴェテランたちはほぼ以前通りのパターンを維持し、フレンチからミュリエルズ、ミュリエルズからウィーラーズ、そしてまたウィーラーズからフレンチにはしごをし

家、イラストレーター、舞台デザイナー。とくにイラストレーターとして人気を博したが、画業に行きづまり、睡眠薬自殺を遂げた。

*ミュリエルズ
フランシス・ベーコンが創立メンバーだったレスター・スクエアのクラブ、ザ・コロニー・ルームの別名。

ては、同じぶかぶかのズボン姿で、同じような議論や口論、同じような酔態をくり返していた。時にはブレンダン・ビーアン*やフランク・ノーマン*のようなかきまわし屋が新たに登場することもあったものの、その周囲はヴェテランたちがつねにしっかり固めていた。

とはいうものの、彼らは信念を失っていた。すべては古くさい儀式と化し、ソーホーは次第に中年のテリトリーと化していった。

対照的にチェルシーは、とても若々しかった。50年代以前、この地域に特別なところはまったくなく、単なるそこそこおしゃれな中流階級向けの避難所でしかなかった。それがこの地域の魅力の一因となったのは、まちがいのないところだろう。つまりそこは、未踏の地だったわけだ。いずれにせよ、キングス・ロードへの移住がはじまり、1955年にもなると、マーカム・アームズというパブとファンタシーというコーヒーバーを軸に、伝統的なソーホーのボヘミアンとロマン化された犯罪、そして〝卑しい肉体〟*的な悪所通いの要素を組み合わせた新たな行動パターンができあがっていた。

当初、これは完全に上流階級向けのゲームで、スーナ・ポートマンやレディ・ジェーン・ヴェイン＝テンペスト＝スチュアート*に代表されるブルジョア娘の不満分子と、お騒がせ好きなパブリック・スクールの学生たちで構成されていた。彼らは結託して

＊ブレンダン・ビーアン
Brendan Francis Behan（1923～1964） アイルランドの詩人、作家。若くしてアイルランド共和軍（IRA）に参加し、反英活動でくり返し投獄された。

＊フランク・ノーマン
Frank Norman（1930～1980） 英国の作家、劇作家。コックニー訛りを大胆に採り入れたミュージカル『Fings Ain't Wot They Used T'Be』で知られる。

＊卑しい肉体
30年代の無軌道な若者を描いたイーヴリン・ウォーの小説のタイトル。

＊レディ・ジェーン・ヴェイン＝テンペスト＝スチュアート
Lady Jane Vane-Tempest-Stewart（1932～） 第8代ロンドンデリー侯爵の娘。エリザベス女王の女官を務めた。

さかんにパーティーを開き、その場には犯罪者やジャズ・ミュージシャンや黒人たちの姿もあった。そこで彼らは恋愛遊戯にふけり、エルヴィス・プレスリーを愛聴した。そのうちのある者は詐欺に手を染め、ある者はエキゾティックな相手と結婚し、ある者はホモセクシュアルに転じた。全体的な雰囲気は、ソーホーがお手本にしていたグリニッヂ・ヴィレッジよりもモンパルナスに近く、そうしたすべてがゴシップ・コラムに格好のネタを提供した。新たな乱痴気騒ぎがいちいち記事になり、〝＊輝ける若者たち《ブライト・ヤング・シングス》〟の当代版ともいうべき〝チェルシー族《セット》〟という言葉がつくり出された。

中心人物は前述のスーナ・ポートマンとマーク・サイクスで、このふたりは数年のあいだ、50年代のミック・ジャガーとマリアンヌ・フェイスフル的存在だった。

元イートン校生のサイクスはさほどの財産持ちではなかったが、魅力と胆力はたっぷり持ち合わせ、ある閉鎖的なグループのリーダーを務めていた。メンバーは彼自身とサイモン・ホジスン、ロバート・ジェイコブス、そしてクリストファー・ギブズ＊。彼らは4人で、一般的には不動産再開発と呼ばれるビジネスに手を染め、おおよそ望み通りの暮らしを送るための資金を手に入れた。それはつまり、放縦な暮らしということだ。彼らはたっぷり休暇を取り、賭博や飲酒にふけり、衣服に大金を費やした。

サイモン・ホジスンはこの時代、そしてとりわけサイクスのことを鮮明に記憶して

＊輝ける若者たち
1920年代の享楽的な若者たちの総称。

いる。「かわいそうに、あいつは若いうちが華だった。おそろしく笑える男で、贅沢な海外旅行をしたり、好きな車や服を買ったりと、やれることはなんだってやっていた。あの何年かはもう、なにをしても許されていたからね。あいつは新聞に名前が載るのが大好きだった。みんなはどっちかというと嫌がってたけど。始終インタヴューに応え、いずれは古いディンギーを買って、テムズ川に係留し、そこで回想録を書くつもりだと話していた。『腐りゆくユリ』というタイトルで。

ぼくらはみんな、すごく甘やかされていたし、すごく退屈していた。ほとんどが実家住まいで、パーティーに行ったり、酔っぱらったり、ヤクザ者と会ったりするのが、生活の中心だった。それまで、ヤクザ者と話したことのあるやつはだれもいなかったのに——ちょっとシックな感じがしたんだ。でもぼくらはとにかく死ぬほどスノッブ気取りだった。全員が金持ちか、笑えるか、有名か、最低でも悪名高くないと駄目だったんだ」

いたずらもさかんだった。サイクスとホジスンは一度、スローン・スクエアの地下鉄駅の外で、牧師の前にひざまずいたことがあった。牧師はふたりに祝福を与え、なにもいわずに立ち去ったものの、マーカム・アームズの常連たちは呆気に取られた。

尊大なブルジョア娘の社交界デビュー・パーティーで、ごていねいに2度も一緒にワルツを踊ったあと、その足で出口に直行したこともある。「その手のことを」とホジスン。「みんなは死ぬほど面白がっていたけれど、むろん、そんなことはない。単に不作法だっただけさ」

そんなふうにいわれると、単に迷惑でしかなかったように聞こえるかもしれない。それはたしかにその通りだ。だがそこにはエネルギーと本物の祝祭感があった。「戦争はなかなかしぶとくて、10年たってもまだ余韻が残っていた。そしたら急にみんなが『おやっ、やっと大丈夫になったみたいだぞ』といいだして、派手に金を使いはじめたんだ」

かくしてバカバカしい騒ぎや、やたらと金をかけたダンス・パーティがくり広げられ、たとえばペットワース・ハウスでは、ターナー*の画に当てるスポットライト以外、すべての照明を消してしまったことがあった。派手な服装のパーティも次々に開かれ、それは夜明けまでえんえんとつづき、酒が尽きたところでようやく幕となった——まさしく『日はまた昇る』である。

そこには衣服の出る幕もたっぷりあったが、それはふたつの明確なタイプに分類された。「フォーマルな服とカジュアルな服のあいだには、とても厳密な線引きがあった」とホジスン。「スーツは父親の行きつけの店で買い、それとは別にお楽しみ用の、

*ターナー
英国の風景画家、J・W・M・ターナー　Joseph Mallord William Turner（1775〜1851）のこと。ウエスト・サセックスのペットワース・ハウスには、彼の作品が数多く飾られている。

斬新な服も買っていたわけだ」

お楽しみ用の服はたいていの場合、テッズの影響を受けていた。「金持ち連中がはじめて、貧乏人の服装を真似るようになったんだ。ぼくらはみんな、長髪だった。というかまわりのだれよりも髪を長く伸ばし、イチモツの形がはっきり見える、ピチピチのズボンをはいていた。そこがいちばんのポイントだった。股間がね。で、それでも奇抜さが足りないときは、青いスエードの靴を履いた」

彼らのワードローブを全体として見ると、戦前の伝統が3つともすべて取りこまれ――スーツのダンディズム、悪所通いのボヘミアニズムと、これ見よがしを愛する耽美主義――そこに戦後のポップな流れが加味されていた。

サイクスの一党のなかでいちばん着こなしがうまかったのが、ほかのメンバーより数歳下のクリストファー・ギブズで、彼は以後15年間にわたり、最高に革新的で、最高に幅の広い着こなしをする男でいつづけた。

彼もマーク・サイクスと同様、イートン校に通っていた。そこでの彼はダンディズムを極め、片眼鏡に青いタッセルのついた銀柄の杖という出で立ちで名刺を配っていた。サイクスと同じ学期に放校処分を受けた彼はソルボンヌに入り、1956年、18歳の時に、ロンドンにもどってきた。

＊マイケル・レイニー
Michael Rainey（1941～2017）　オーストラリア生まれのファッション・デザイナー。ただしハング・オン・

ギブズはとても派手やかな男だった。時には仲間と同じように、ピチピチのジーンズか、華やかな服を着ているだけのこともあったが、たいていはもっと凝りに凝った服装が好みだった——ダブルのヴェストとくるみボタンのスーツ、ヴェルヴェットのネクタイ、ストライプが入った堅い白襟のトルコ風シャツ、クラヴァット。なによりもカーネーションに情熱を注ぎ、ピンクと黄色、緑のインク、あるいは赤い斑点入りの紫など、つねに新しい品種を買い求めていた。「自分ではきっと、耽美主義者のつもりでいたんだと思う」と彼は語る。「〝紳士〟の耽美主義者だ。でも同時にちょっと、だらしないところもあってね。爪を噛む癖のあるダンディというか」

のちに彼は*マイケル・レイニー、*タラ・ブラウン、*デイヴィッド・ムリナリックといった男たちがメンバーになるもうひとつのチェルシー族、いわば60年代版のダンディたちの誕生を手助けする。しかしながら当時はまだ若輩者で、いくぶんサイクスとホジスンの影に霞んでいた。そんなキングス・ロードの着こなし上手のなかで、だれよりも神秘的な存在だったのが、どんな〝族〟にも属さない*キム・ウォーターフィールドだった。

彼はどことなく神秘的な男で、その育ちや初期の活動に関しては、無数の説が流布していた。しかしチェルシーがファッショナブルになったとき、彼はすでに金持ちで、

ユー（16章参照）をオープンするまで、いっさいファションの仕事をした経験はなかった。

＊タラ・ブラウン
Tara Browne（1945〜1966）ギネス家の御曹司。1966年12月に交通事故死を遂げ、この事件はジョン・レノンが〈ア・デイ・イン・ザ・ライフ〉を書くきっかけのひとつになった。

＊デイヴィット・ムリナリック
David Mlinaric（1939〜）英国の室内装飾家。ロスチャイルド卿からミック・ジャガーまで、幅広い顧客の仕事を手がけた。

＊キム・ウォーターフィールド
Michael Caborn-Waterfield（1930〜2016）チェルシー族のリーダー的存在で、さまざまな女性と浮き名を流したが、そのひとりがジャック・ワーナーの娘、バーバラ・ワーナーだった。

短躯ながら、タフな魅力を放っていた。巨大な車を乗りまわし、車内にはいつも美しい女性がいた。「野心家だったけど」とサイモン・ホジスンは語る。「楽しい男だった」

彼の服装は有名だった。基本的には地方の地主のカリカチュアで、乗馬服や*キャヴァルリーツイル、それに*チャッカブーツを愛用し、それをレモンのような黄色になるまでピカピカに磨き上げていた。このことからコラム子たちは、彼を〝ダンディ・キム〟と呼んだ。

最終的に彼はフランスに向かい、*ジャック・ワーナーのヴィラで不愉快な事件に巻きこまれた結果、投獄の憂き目に遭ってしまう。しかしながらチェルシー時代の彼は、なんともさっそうとしたイメージを放ち、今も人々の記憶から消えていない。いまだに敬愛され、逸話にも事欠かず、もしそのすべてが真実だとしたら、ドルセー伯と*カサノヴァと*義賊のラッフルズを混ぜ合わせたような男だった。

ゴシップ・コラムのネタにされる、ごく小規模で閉鎖的なチェルシー族のほかにも、オーソドックスなボヘミアンや、アーティスト志望者、セックスを求める地方出身者、富を求めるイースト・エンド人、そして数は少ないながらも、体験のための体験を求めるアメリカ人といったサークルが存在し、キングス・ロードは年ごとにスピード感を増しつづけた。

*キャヴァルリーツイル
ななめに入るはっきりした畝が特徴の布地で、もともとは騎馬隊（キャヴァルリー）の乗馬パンツ用に開発された。

*チャッカブーツ
2、3組のひも穴があるくるぶし丈のブーツ。

*ジャック・ワーナー
Jack Leonard Warner（1892～1978）ワーナー・ブラザース映画を創設したワーナー4兄弟のひとり。〝ダンディ・キム〟は彼の別荘で金品を盗んだ嫌疑をかけられ、4年にわたって投獄された。

*カサノヴァ
Giacomo Casanova（1725～1798）イタリアの文人。漁色家として知られ、本人の回想によると、生涯で1000人以上の女性と床をともにした。

それでもこのシーンはまだ、片手で足りるたまり場に限定されていた——バザーとジョン・マイケル、数軒のパブとコーヒーバー、そしてキネートン・ストリートきってのキャンプさを誇り、ウィンドウにはピチピチのズボンやレース模様のブリーフ、それに「ムッシュ、あなたのために」というカードが所狭しと飾られていたデイル・カヴァーナというブティックに。

50年代が終わりに近づくと、初代のチェルシー族はバラバラになりはじめた。モロッコに向かったスーナ・ポートマンは、ハシシに関する奇説を持ち帰ってきた。サイモン・ホジスンは結婚し、パリに居を移した。マーク・サイクスはオーストラリアに向かった。60年代のはじめ、昔なじみの様子をたしかめようとして、マーカム・アームズに立ち寄ったホジスンは愕然とした。「みんなひどくみすぼらしく、ひどく悲惨に見えた。なによりもキツかったのは、全員がひどく年老いて見えたことで——『なんてこった、ぼくもこうだったのか？』と思ったのを覚えている」

しかしホジスンの世代はすでに、その時点で居場所がなくなっていた。１９５９年の夏に新たなサイクルがはじまっていたからだ。

それはとても暑くて、とても長い、英国では10年にせいぜい2度しかないタイプの夏で、その間はすべてがリラックスしているように思えた。

＊義賊のラッフルズ　E・W・ホーナングの小説に登場する紳士泥棒。表向きはクリケットの選手だが、その陰でロンドンの富裕層から盗みを働いている。

裏庭ではさかんにパーティーが開かれ、ラ・ポポテやアレクサンーズのような最初期のビストロが登場し、色鮮やかな衣服がどっと売り出された。そこからはなぜか、新たな確信が感じられた。「まるで英国人の人格がまるごと、変化したかのようだった」とアレクサンダー・プランケット＝グリーンは語る。「戦争がとうとうほんとうに、まちがいなく終結し、シャンタンのスーツを着たビジネスマンや、先のとがった靴とシルクを身に着けた人々の姿が見かけられるようになった。**突然ロンドンが、サンフランシスコかローマのように思えてきたんだ**」

これはさすがにあとづけから来る誇張だろう。当時はただ、すばらしい夏という感じしかしなかった。人々はみんな楽しそうにしていて、ネーズデンやクラパム・ジャンクションはともかく、チェルシーでならなにか新しいことができそうな感じがした。それがほとんど再生のようにいわれているのは、あくまでもふり返ってみてのことにすぎない。

にもかかわらずそれは、重要な分岐点だった。それ以降、チェルシーは単に奇抜さを競い合う友人たちのグループではなくなり、そこから起こったさざ波は、外部にも広がりはじめた。その動静を見るためにわざわざやって来る人々もあらわれ、さまざまなタイプのやり手たちが、そこで合流してひと儲けをもくろんだ。歩道はブロンドの髪を長く伸ばしたジーンズ姿の娘たちでいっぱいになり、それもまた観光客のお目当てに追加された。チェルシーはすっかり有名になっていた。

夏が終わってもなお、そのレガシーは残され、以来、この地の人気は雪だるま式にふくれ上がった。年を重ねるごとに、新しいブティック、ビストロ、コーヒーバー、レコード店、そしてファッショナブルなパブの数が増え、ついにはキングス・ロードが世界中で、ひとつのシンボルと見なされるようになった——軽薄さ、派手さ、そしてだれもが憧れる罪の最新版として。

その意味で、プランケット＝グリーンは正しい——1959年は転換点であり、真の意味で戦争が終わった年だったのだ。**スウィンギング・ロンドンの夢が、ある特定の時か場所で生まれたとするなら、それはあの夏の熱気と解放感のなかでだった。**

8章　カーナビー・ストリート――ブティックの誕生とビートルズ

最初のうち、ビル・グリーンは俳優の肖像写真を専門に撮るカメラマンだった。戦時中に重量挙げと関わりを持ち、復員後は男性専門誌のために、ボディビルダーやレスラーの裸体写真を撮りはじめた。彼はこの仕事用に、〝ヴィンス〟という名義を使った。

当初、彼はいくつか問題を抱えていた。「あの当時、男性ヌードの撮影は、とても危険な仕事だった。なかにはそのせいで、深刻なトラブルに巻きこまれたカメラマンもいる。そこでわたしは妥協点を見いだした――モデルにブリーフをはかせたんだ。マークス&スペンサーの伸縮するガードルを短くカットした、特製のブリーフをね。するとこれがちっちゃいのにすごくはき心地がよくて、モデルや読者のあいだで大反響を呼んだんだよ。みんな、すごく感激していた。

しばらくすると自分でブリーフをつくりはじめ、もしかしたら普通に売り出せるんじゃないかと考えはじめた。そこで1950年に『デイリー・メール』で広告を打ってね。土曜に出る新聞だったけど、月曜には200ポンド相当の注文が舞いこんでいた」

ブリーフの販売が急速にグリーンの生活の大部分を占めるようになり、カメラマン業はもろにそのしわ寄せを受けた。1951年にマンチェスター・ストリートのスタジオを本拠地にして通信販売業を開始し、その後、今度はフランスに向かった。「実存主義全盛の時代だった。男はみんな黒のセーターに黒のジーンズ姿で、そんなの、イギリスではだれも聞いたことがなかった。こっちじゃまだ、みんなが輸入品のリーバイスを夢見ていたんだ。わたしはそこに商機を見いだし、セーターとパンツのシリーズを売り出した」

このシリーズもまた成功を収め、1954年にグリーンは、ニューバーグ・ストリートに店をオープンした。カーナビー・ストリートとは目と鼻の先だが、いっぽうでそのカーナビー・ストリートは、リージェント・ストリートのすぐ裏手に位置していた。彼はその店を〝ヴィンス〟と命名した。

そこはかなり見栄えのしない区域だった。厳密にいうとソーホーの一部だが、カラフルさや罪深さとは縁がなく、エキゾティックな要素も皆無だった。そこには屋根裏下宿や小さな工房、そして零細経営の仕立屋や鍵屋が軒を連ねていた。

ビル・グリーンの見方からすると、その魅力はいたってシンプルだった——賃料が安い上に、ニューバーグ・ストリートは、ボディビルダーや男娼たちがこぞってトレーニングを積むマーシャル・ストリート浴場のすぐ隣に位置していたのだ。浴場を出るなり彼らは、ヒップスター・パンツやピチピチの高価なセーター（約7ポンド）、そして鮮やかな赤、黄色、紫のブリーフやショーツに目を奪われることになった。

これがドラァグ*のはじまりだった。といっても服装倒錯という意味ではない。メンズウェアの業界では、それがファッショナブルでファンシーな装いを意味する言葉として使われていた。あの時代としてはきわめて奇抜だったため、ヴィンスはすぐさまミュージック・ホール的なユーモアのネタにされた。「ネクタイを買うたびに、股下を計られる唯一の店」とジョージ・メリーは評し、デイヴィッド・フロスト*はその10年後になってもまだ、同じネタを使っていた。

キャンプの要素は否めなかったものの、ヴィンスにはそれ以外の特徴もあった。メンズショップの大半が尊大だった時代に、そこは楽しむことができ、その衣類も同様

＊ドラァグ
通常は男女を問わず、異性の特徴的な服装をする人物を指す。

＊デイヴィッド・フロスト
David Frost（1939〜2013）ビートルズからニクソン大統領まで、さまざまな著名人をインタヴューしてきたことで知られる英国のTV司会者。彼が司会を務めた1967年の「フロスト・レポート」には、のちのモンティ・パイソン組が多数出演していた。

＊ピーター・セラーズ
Peter Sellers（1925〜1980）英国の俳優。『ピンク・パンサー』シリーズを筆頭にコメディ映画への出演が多いが、遺作となった『チャンス』では、ゴールデングローブ賞の主演男優賞に輝いた。

＊ジョン・ギールグッド
Sir John Gielgud（1904〜2000）英国の映画、

だった。どぎつくて、時にはつくりも劣悪だったけれど、退屈させられることは絶対になかった。「わたしはつねにつくりよりも、インパクトを重視していた」とグリーンは語る。「わたしはそれまで、使われたことのなかった素材を使った。ヴェルヴェットやシルクを多用し、マットレス用の綿布でズボンをつくった。色落ちさせたジーンズを最初に売ったのもわたしだ。そしてなんでもできるだけカラフルで、派手な仕上げにしていた。

客も客で、インパクト満点だった。みんな、うちはチェルシーのホモセクシュアルだけを相手にしていると思っていたが、実際にはおおよそ25歳から40歳までの、非常に幅広い層がターゲットだった。ティーンエイジャーはいない。うちの値段じゃついてこれないからだ。だがアーティストや劇場関係者、それにボディビルダーやあらゆる種類の有名人が来店していた。

具体的な名前を挙げるのは好みじゃないが、*ピーター・セラーズや*ジョン・ギールグッドや*ライオネル・バートもうちのお得意だった。デンマーク王はわたしから海水パンツを買った。ピカソからはスエードのズボンのオーダーが入ったし、*スノードン卿は婿入りの衣裳を大部分うちでそろえたんだ」

グリーンの言葉に嘘はまったくない——彼の顧客は、ホモセクシュアルだけに限

舞台俳優、演出家。シェイクスピア劇を中心に、重厚で緻密な演技を身上としていた。1981年のコメディ映画『ミスター・アサー』で、アカデミー助演男優賞を受賞。

*ライオネル・バート
Lionel Bart（1930〜）
ポップ・ミュージックとミュージカルを手がける英国の作曲家。ディケンズの『オリヴァー・ツイスト』を原作とするミュージカル『オリヴァー!』で名を上げた。映画『007 ロシアより愛をこめて』の主題歌も彼の作品。

*スノードン卿
Lord Snowdon（Antony Armstrong-Jones）（1930〜2017）著名人のポートレートで知られる英国のカメラマン。本名アンソニー・アームストロング＝ジョーンズ。1960年に英国国王ジョージⅥ世の次女、マーガレット王女と結婚し、初代スノードン伯爵に叙せられた。

られなかった。だがもし彼が戦前に商売をはじめていたら、まちがいなくそうなっていただろう。そしてそれこそがヴィンスの新しさであり、重要な点だった。そこで売られていたのは、以前ならホモ以外に着る者がいない、おそろしく過激な服だったのだ。それを今、異性愛者が買うようになっていたのである。

その背景にあったのは、いうまでもなく、男性のアイデンティティの大々的な転換だった。「ぼくらの特徴のひとつは」とサイモン・ホジスンは、チェルシーについて語る。「性別をいっさい気にしなかったことだ。みんなに全部の気がちょっとずつあることを、全員が理解していた」

いいかえるなら、男たちは自分たちの女性的な側面と折り合いをつけるようになったということだ。彼らは恐れることをやめはじめた。ナルシズムや浮気っぽさや意地の悪さ——こうしたもろもろが男性の構成要素として、ヴィクトリア朝時代であればおぞましいと見なされていても不思議はない形で受け入れられるようになったのだ。ピチピチのズボンは、そうした変化のあらわれだった。

これもまた、英国的な社会構造の崩壊という中心的な現象を、ひとつの面から映し出した出来事だった。もはや、なにひとつ確定したものはない——役割と役割の境界はすべてぼやけはじめ、なにが男を魅力的にするのかというコンセプトが丸ごと刷新されようとしていた。突然、男らしい男でいること、グレープフルーツのような二頭筋と胸毛があることが、さほど重要とは思えなくなってきたのだ。ベッドのなかでうまくやれればそれでいい。そしてそこでは、性的な曖昧さもいっさい排除されなかった。

むろん、これはまだごく小さなスケールでの話でしかなかった。ソーホーとチェルシー、そしてヴィンスにやって来る〝あらゆる種類〟の有名人は、どう見てもこの国全体の代表例とはいいがたく、いったんロンドンの外に出ると、こうした新しい広がりは一顧だにされなかった。

それでも最初の亀裂ができると、その先は広がっていくばかりとなり、数年のうちにそれと同じセックスの自由化が、カーナビー・ストリートとそのあらゆる成果の基盤を築いていくことになる。ティーンエイジャーも、郊外の先端族《スウィンガー》も、アイダホからやって来た中年の旅行客もドラァグを着用した。

事実、60年代の男性ファッションはすべて、ある程度までホモセクシュアル由来だった。その意味で、「オカマ」、「玉なし」などと罵声を浴びせたインド軍の退役将校やトラック運転手は、100パーセント正しい。彼らは自分たちの若かりしころ、そうした服装が同性愛者の印だったことを覚えていたのだ。だがそのメッセージが変化し、複雑化した今となっては、彼らが混乱をきたしてしまうのも、当然といえば当然だった。

その意味で、ビル・グリーンの影響は大きい。美的な観点から見ると、決してすばらしいデザイナーではなく、またすばらしい理論家でもなかった。そしておそらく当人にも、自分がなにを体現しているのかがわかっていなかった。にもかかわらず、彼が切り開いたのは非常に重要な突破口だった。「わたしは長年の切実な欲求を発明したんだ」と彼は語る。つじつまは合っていないが、彼の言葉は正しい。

ヴィンスは性的な曖昧さだけでなく、形式ばらないスタイルの推進者でもあった。レジャーウェアが史上はじめて、ハイ・ファッションとなったのだ。セーターとジーンズが、シックな装いになりはじめた。さすがにまだ、ビジネスで着用されることはなかったものの、夜の外出やパーティーに着ていくのは、まったく問題でなくなった。「男性の服装は、スポーツ用の服装を普段着に採り入れることで進化する」とジェイムズ・レイヴァー*は書いているが、ニューバーグ・ストリートで進行していたのは、まさしくその通りの事態だった。

理論的には、ビル・グリーンはちょっとした財産を築けるはずだった。店だけでなく通信販売も繁昌し、マーシャル&スネグローヴやニューヨークのメイシーズを相手

*原注：ジェイムズ・レイヴァー著『Dandies』。

に、卸売業もスタートさせていたからだ。カーナビー・ストリートのブームが訪れたとき、当然のように彼は、成功者になってしかるべきだった。

だがそうはならなかった。「宣伝のやり方ならわかる」と彼はいう。「退屈な品物を写真で魅力的に見せかけ、売ることだったらできる。だがビジネスはからきしだった。どういうふうにすれば適切な利益を上げられるのかが、ついぞわからずじまいだったんだ。金儲けをするためには、タフなユダヤ人の商人をうしろにつけておくべきだったんだろう。だがそんな男は最後まで見つからなかった」

60年代の初頭までは好調だった彼も、カーナビー・ストリートが飛躍しはじめると、逆に勢いがなくなってきた。すでに50の坂を越え、かつては先頭に立っていた分野でも、ついていくのが精いっぱい。ティーンエイジャーが彼の店に群がり、今や中年になっていた本来のお得意たちを追い払った。グリーンのスタイルは、妙に古くさく見えた。簡単にいうと、彼は勘を失ってしまったのだ。1967年にはメリルボーンのセイヤー・ストリートに撤退し、1969年になると、ついに廃業に追いこまれた。

現在のグリーンは、ウォーレン・ストリートの近くでアーンティーズというレストランを経営している。ごましおの短い髪を軽くリーゼント風に立て、どことなく物憂げな笑みを浮かべる彼は、61歳になっていた。ただしいたって感じがよく、苦々しさはいっさい感じさせない。「もし今のメンズウェア業界にいたら、どこから手を着けていいのかもわからないだろう」と彼はいう。「なにがどうなっているのかわからないはずだ」

ぼくが食事をしたとき、彼のレストランは閑古鳥が鳴いていた。デザートはチョコレート・ムースかストロベリー・タルトかフレッシュ・オレンジから選ぶことになっていたが、彼は残りものをすべて、ひとつのボウルでまぜこぜにした。「わたしとしてはきみの本が出たとき、1955年にわたしを見落としたやり手のユダヤ人がやっとのことでその事実に気づき、後悔してくれることを願うのみだ」といって彼は、威厳のある大人らしく料理をたいらげはじめた。

ある面で彼は、最初のロックンロール・スターだったビル・ヘイリーのファッション版といえるだろう。前髪をカールさせた太っちょで、5人の子持ちだったヘイリーが基盤をつくったところにエルヴィス・プレスリーがあらわれ、その場をかっさらっていったように、グリーンもジョン・スティーヴンに取って代わられてしまったのだ。

スティーヴンはグラスゴーの出身で、父親は菓子店のオーナーだった。19歳の時ロンドンにやって来て、まずはモス・ブラザーズのミリタリー部門に就職。その後、ヴィンスのセールスマンに転じ（「大口を叩くばかりで、あまり成績はよくなかった」

とグリーンはいう)、ノッティング・ヒル・ゲートの店を任されたあと、1957年に独立し、バック・ストリートの2階の部屋で、ヒズ・クローズという自分の会社をスタートさせた。

当初、彼のスタイルはヴィンスに似通っていた。同じように多彩な色を使い、同じようにピッチリしていて、同じようにキャンプな奇抜さが特徴だった――ピンク・デニムのジーンズ、ライラックのシャツ、ストライプ入りの水夫風Tシャツ……。

ただし最初からちがっていたのが、そのスケールだった。ビル・グリーンは基本的に、ゴシップ・コラムで話題になる、成功したブティックが1軒あればいいと考えていた。対してジョン・スティーヴンが目指したのは、完全な殲滅《ホロコースト》だった。当初から彼は**メンズウェア業界を転覆し、すべてを変えた**いと考えていたのだ。「ぼくの野望はシンプルだ」と彼は、まだ拡張をはじめたばかりのころ、「メンズ・ウェア」誌に語っている。「ほかのだれよりも数多くの店を持ちたい」

それは彼らしからぬ発言だった。こと商取引にかけては鋭敏で、決断が早いといわれていたスティーヴンだが、実際に会ってみると、内気さのせいで麻痺しているように見えたからだ。カーリーヘアとこけた頬に孤独な瞳という、ジェイムズ・ディーン風のとても美しい容貌の持ち主で、話し声は奇妙な高音だった。握手をするときも、彼は相手と目を合わせることができなかった。

それでも彼の野望はとどまるところを知らず、ノッティング・ヒル・ゲートで働いていたときも、店を開く資金を貯めるために、夜は副業でフォーテスのウェイターを務めていた。そしてその目標を達成すると、週に100時間働きづめになった。「スティーヴンが天才だったのはそこだ。決して自分のこだわりを捨てようとしなかった」と一時、スティーヴンの下で働いていたマイケル・フィッシュ*は語る。「まるでピカソかミケランジェロかアドルフ・ヒトラーのような感じだった」

今、当時をふり返ってみても、彼はなにが自分を駆り立てていたのか、あるいはなぜあそこまで細部に情熱を注げたのかを、説明することができない。「きっとなにかを信じていたんだろう」と彼は語る。だがそれがほぼ、彼にいえる精いっぱいなのだ。

しかしながらぼく自身の推論は、彼が飢えていたのはデザイナーとしての認知、あるいは服装に関連したことがらですらなく、成功そのものだったのではないかということだ。ぼくの見る限り、彼は生来落ち着きがなく、当たり前では決して満足できないタイプだった——安定した仕事や、半戸建ての住宅では。そしてなんらかの逃げ道を求めていたとき、たまたま見つけ出したのがメンズウェアだったのである。服が好きで、売ったり、デザインしたりする仕事を楽しんでいたのはまちがいない。だが

＊マイケル・フィッシュ
Michael Fish（1940〜）
英国のファッション・デザイナー。男も〝ドレス〟を着るべきだと主張し、デイヴィッド・ボウイは《世界を売った男》（1970）のジャケットで彼の作品を着用した。

もし事情がちがっていたら、ポップ界のマネージャー、広告マン、あるいは不動産開発業者になる可能性も多分にあったのが彼という男なのだ。

それでもファッションの道を選んだ彼は、全身全霊でこの仕事に打ちこみ、本人も若かったおかげで、根本からの変化はティーンエイジャー経由でしか起こりえないことを感知した。世間体を気にする大人たちは、いっさい先導役を務めようとしなかった。だが少年たちにそうした抑制はなく、スティーヴンはそんな彼らをターゲットに定めた。

といってもすぐさま成功が訪れたわけではない。ビーク・ストリートに閉じこもったまま、彼はしばらく苦闘の時期をすごした。そしてようやく店の名前が売れはじめたころ、電気ヒーターをつけっぱなしにしたまま、昼食に出かけてしまう。スティーヴンがもどってくると、在庫がまるごと炎に包まれていた。

だが復活を遂げるのにさほど時間はかからず、数か月後にはすぐ近くのカーナビー・ストリートで店を再開させていた。今回、ヴィンスと直接競合することになった彼は、みごとに勝利を収めた。なにをするにも彼のほうが速く、値段も安かった。当初はもっぱらキャンプな層を顧客にしていたが、じきにクリフ・リチャードやビリー・フューリー*のようなポップ・スターも店を訪れるようになり、彼らのファンがそのあ

＊ビリー・フューリー
Billy Fury（1940～1983）　50年代末～60年代初頭に活躍した英国のシンガーのひとり。リヴァプールの出身で、同郷のビートルズがデビュー前にバックを務めたこともある。

とにつづいた。

ティーンエイジ市場に訴求するために、スティーヴンはヒズ・クローズを衣料品店のロックンロール版に仕立て上げた。伝統的な基準——着心地、仕上げ、職人仕事——よりもその時々の旬が優先され、彼は月ごと、週ごと、場合によっては日ごとにスタイルを変えた。

彼はまた、値段もカットした。ジャケットの値段は平均で7ポンドから10ポンド、ズボンは3ポンドから5ポンド、シャツもそれと同じ値段で、ジョン・マイケルやヴィンスに比べると、およそ半分の価格だった。

なによりも彼は、自分の店をゲームセンターのような場所にした。レコードを目いっぱい大音量でかけ、ショーウィンドウはまるで万華鏡のよう。衣類はサントロペを模して、開かれた戸口から舗道にあふれ出していた。ショッピングははじめて、苦行ではなくなった。頭をちょこちょこ出したり引っこめたりする代わりに、少年たちはまるでご褒美をもらったような気分で戸口の服に触ったり、色彩に目を眩まされたり、耳をつんざくポップのサウンドに包まれたりしながら、ゆっくりと店内に足を踏み入れた。なかに入るとさらに無限の鮮やかさや新しさや艶やかさに出迎えられ、否応なしに引きこまれてしまう。衣服は冒険になっていた。

戦略はそれだけに留まらず、ギミックや売名的なプロモーションも多用された。だがそれらはすべて上辺の飾りにすぎない。根本にあったのは、ジョン・スティーヴンのショーウィンドウを通りかかると、そのたびになにか新しい、派手な服が目につき、そこで自分の持ち金を勘定してみると、買えなくもない値段なのに気づくという図式だった。

あっという間に彼は、同じカーナビー・ストリートに2番目の店を開き、機を見るに敏なドニスやドミノ・メールなどのブティックも追随した。1961年の終わりまでに、スティーヴンは4つの店舗を構え、リージェント・ストリートにも進出する。そしてカーナビー・ストリートは、押しも押されもしないメンズウェアの本拠地となっていた。

そうした流れのなかで、だれが最初に使ったのかはさだかでないものの、〝ブティック〟という言葉がいつの間にか定着していた。その言葉が使われた理由のひとつは、初期のカーナビー・ストリート・スタイルの多くがフランス由来だったことだ。またそこにはキャンプ的な意味合いもこめられていた。だがいずれにせよこの言葉は即座に広まり、60年代の初頭には、チェーン店までが売り場をブティックと称していた。

1962年にはヘヴィ級ボクサーのビリー・ウォーカー[*]がヒズ・クローズのモデルを務め、これもまた重要なポイントとなる。当時はまだ英国ボクシング界の〝期待の星〟でしかなかったウォーカーは、にもかかわらず多大な崇拝を集め、たとえピンクのデニムを身に着けていても、その男らしさはいっさい損なわれなかった。派手な装束に身を包んだ彼の巨大な写真が全店のウィンドウを飾ると、その効果は絶大で、カーナビー・ストリートはそれを機に、うさん臭さをほぼ卒業した。

とはいえ水門が完全に開くのは、ビートルズの登場以降のことだ。1962年に彼らは〈ラヴ・ミー・ドゥ〉をレコーディングする。翌年の夏になると、最高潮に達したビートルズ旋風が猛威を振るうなかで、ティーンエイジャーの一大ブームがスタートし、そのブームはローカルな存在だったカーナビー・ストリートを、一気に世界的な地位へとのし上げた。

これはいくら強調しても強調したりない事実だ——**ビートルズはすべてを変えた。**彼ら以前、ティーンエイジャーの生活、そしてひいてはファッションに連続性は見られなかった。だが彼ら以降、それはひとつの独立した存在として、別個の社会をつくり上げた。それゆえビートルズはスティーヴン個人というより、カーナビー・ストリート全体の台頭にとって、重要な意味を持っていた。彼らは奥深いところにまで届く、

*ビリー・ウォーカー
Billy Walker（1939〜）
〝ゴールデン・ボーイ〟の異名を取った英国のヘヴィ級ボクサー。1969年に引退し、その後は俳優、さらには不動産開発業者に転じた。

解放勢力だった。スティーヴンは単に、それを発信するためのメディアにすぎない——正しい時期に、正しい場所にいた、正しい才能を持つ仲介者。

　ビートルズが実際に着ていた服も、影響力は強かった——丸首のジャケットは1年以上にわたってティーンエイジャーのファッションを支配し、彼らのおかげでチェルシー・ブーツは、それまで以上の人気を博した。しかし肝心なのはそこではない。彼らは単なるトレンドセッターはなく、そのパワーはずっと深いところにおよんでいた。彼らがスタートさせたファッションは、いずれも単なる副作用にすぎない。

　またそのパワーのおよぶ先は、思春期の少年少女だけに限られなかった。ヒステリックな熱狂はティーンエイジ特有の現象だったかもしれない。だが彼らはあらゆる階級、あらゆる年齢層の人々に注目され、若さが神格化されるきっかけをつくった。

　いきなり、少年少女が注目の中心になった。説教のスローガン、政治家のスピーチ、そして社会学の論文を別にすると、完全に無視されていた彼らに熱い視線が注がれはじめ、研究され、分析され、模倣された。

　メディアは彼らに取り入ろうとして躍起になった。「レディ・ステディ・ゴー！」*のような新しいTV番組がスタートした。ぼくもふくめたニキビの若者たちが、十把ひと絡げでジャーナリストに採用された。政治家たちは列をなして、リンゴ・スター

＊レディ・ステディ・ゴー！　Ready Steady Go!　１９６３年８月から１９６６年12月にかけて放送された英国の音楽番組。金曜夜の放送で、キャッチフレーズは〝Weekend starts here!（さぁ、週末のはじまりだ）〟。完全に若者向けの内容で、ビートルズを筆頭に旬のアーティストが次々に出演し、当初は口パクだったものの、１９６５年４月以降は全面的にライヴ演奏になった。

と写真に収まったり、単純に彼のサインを入手しようとしたりした。〝若手《ヤング》〟という言葉がなんの前ぶれもなく、最高の讃辞になった。若手作家、若手監督、若手ビジネスマン――全員が身ぎれいになり、30歳の誕生日を迎えると、絶望した男たちは、ひとり行方をくらませ泥酔した。

当のティーンエイジャーたちも、こうした阿諛追従《あゆついしょう》にまちがいなく心をくすぐられていた。しかしそれ以上に重要なのは、ビジネス界がようやく彼らの存在に目覚め、本気で訴求しようとしはじめたことだった。

前述の通り、こうした取り組みは50年代からすでにおこなわれていた。しかし当時のビジネスマンは、自分たちの価値観で動いていた。子どもたちが好きになるべきだと考える商品を売り出すだけで満足していたのだ。カジュアルウェアや50年代の英国産ポップが空疎だったのも、それが理由となっている。平均の法則によって、いずれはなにかが当たるはずだという思惑の下、商品はほぼアトランダムに吐き出されていた。

今や、そのすべてが変わっていた。**ティーンエイジ市場は入念に分析され**、そのスタンスが注視され、子どもたちはようやく、本気で好きになれそうなものを与えられるようになった。ビートルズのマネージャーを務めるブライアン・エプスタイン*や、

＊ブライアン・エプスタイン Brian Samuel Epstein（1934〜1967）リヴァプールのレコード店主だったころ、無名時代のビートルズに惚れこみ、なんの経験もないままマネージャーに就任。衣裳やステージ上でのマナーなど、とくにイメージづくりの面で彼らの成功に貢献した。ビートルズが《サージェント・ペパー》を発表した1967年に睡眠薬の過量摂取で死去。

ローリング・ストーンズの初代マネージャー兼プロデューサーだったアンドルー・ルーグ・オールダム*、そしてレディオ・キャロラインをスタートさせたローナン・オライリー*のような新世代の起業家が台頭した。ジョン・スティーヴンと同様、彼らは以前の世代よりも若く、より聡明で、より熱心だった。

といってティーンエイジャーがもう、搾取されなくなったわけではない。むしろ、それまで以上につけこまれていたといっていいだろう。とはいえそのやり口は、以前に比べるとスマートで、多少なりとも時流に沿い、相手をなめてもいなかった。たしかにエプスタインとオールダムとスティーヴンは、いずれも金持ちになったかもしれない。だが彼らは決して片手を現金箱に突っこみ、うすら笑いを浮かべながらシガーをふかすハゲ親父ではなかった。

それゆえ当初、カーナビー・ストリートはぼったくりとは無縁だった——少なくともそうした点が、目立つようなことはなかった。事実、そこはとても胸の躍る場所だった。リージェント・ストリートを折れ、カーニヴァルもかくやと思える、めくるめくような色彩と喧噪のなかに飛びこんでいくと、それだけで……灰色一色の時代が150年もつづいたあとだけに、その新しさとエネルギーは、どうしようもなく魅力的に感じられた。

*アンドルー・ルーグ・オールダム
Andrew Loog Oldham（1944〜）　マリー・クワントのアシスタントから独立し、ロンドンのクラブに出演していたローリング・ストーンズをスカウト。〝いいこちゃん〟のビートルズに対抗して、〝不良〟のイメージで彼らを売り出した。

*ローナン・オライリー
Ronan O'Rahilly（1940〜2020）　英国の領海外から電波を送り、制限の多いBBCではかからない曲を次々にオンエアするレディオ・キャロラインを開局した人物。その後は俳優のジョージ・レーゼンビーや、ロック・バンド、MC5のマネジメントなどを手がけた。

だがそうした多幸感は早々に消え去ってしまう。2年もすると新鮮さはすべて消え失せ、カーナビー・ストリートは観光客相手の罠、悪趣味なジョークと化していた。だがそれに関しては、もっとあとの章で触れることにしよう。その時点ではティーンエイジャーのストリートが誕生したことだけでも、じゅうぶんな成果だった。そして土曜の午後が来ると、そこは人人人で端から端まですしづめ状態になった。

当のジョン・スティーヴンについていうと、彼はまちがいなく、とても裕福になっていた。1963年の時点で18の店舗を所有し、ロンドン中央部一帯をカヴァーすると同時に郊外にも進出。加えてアメリカとヨーロッパでタイアップ契約を結び、卸売りにも手を染め、数切りなくインタヴューを受けたり、写真や映像を撮られたりしていた。ヒズ・クローズには100万ポンドの価値があり、「デイリー・ミラー」紙は彼を〝キング・カーナビー〟、「オブザーヴァー」紙は〝100万ポンドのモッズ〟と呼んだ。

さらに彼は、新しいファッションのシリーズを生み出した――あるいは少なくともヨーロッパ大陸のファッションを採り入れ、ロンドンに合わせてキャンプ化していた。クリフ・リチャードが着ていた尋常でなくけば立ったウールのセーター、ビートルズが着ていた丸首のジャケット、ローリング・ストーンズが着ていた革のジャケット、幅広のコーデュロイ・パンツ、学生帽、そして透けたニッカーボッカーが、いずれもヴァラエティに富みすぎるほど富んだ素材と色で売り出された。きわめつけはおそろしくピチピチで股上が浅い〝ヒップスター・パンツ〟で、お尻は半分丸出しになり、性器がスポットライトを浴びているように強調された。

まったく新しいラインナップの素材が用いられるようになった――スエード、レザー、コーデュロイ、ヴェルヴェット、サテン。以前から、こうした素材が特定の衣類に用いられることはあった――たとえばスエードのジャケットや、コーデュロイのズボンのように。だが今や、それ以外の形でも使われるようになっていた。コーデュロイのシャツやヴェルヴェットのキャップ、そしてサテンの下着が登場し、もっぱら不良のご用達だったレザーがハイ・ファッションとして定着した。事実、それはもっとも基本的な要素のひとつとなり、シーズンごとにさまざまなスタイルで復活している。

しかしスティーヴンに成功をもたらしたのは、ある特定の衣類ではなかった。彼のスピード、柔軟性、胆力――彼がライヴァルたちに先んじることができたのは、そうした資質のたまものだったのだ。デザイナーとしての才能など、ほんのお飾りにすぎなかった。

実のところ、その才能はかなり取るに足らないもので、根本的なヴィジョンはすばらしかったものの、実際の衣服は大部分が凡庸だった。

大半の競争相手に比べると、彼には少なくともひとつ長所があった。衣服のつくりにある程度こだわっていたことだ。おかげで一度着ただけで、バラバラになるようなことはなかったけれど、その点をのぞくと問題は多々あった。

まず、すでに指摘したとおり、彼のスタイルは大部分がオリジナルではなく、ヨーロッパ大陸、とりわけフランスからのいただきだった。たとえばけば立ったセーターは、ブリオーニがすでにつくっていたし、丸首のジャケットはカルダン、そしてヒップスターは長年、サントロペが本場だった。

それ自体はたいした問題ではなかったのかもしれない。ファッションはつねに影響を与え合っているため、常時オリジナリティを保ちつづけるのは、ほぼ不可能に等しいからだ。その意味でスティーヴンがネタ元を外に求めるのは、当然といえば当然だった。問題はそのネタの使い方が、乱暴でがさつだったことだ。

スピードやワクワク感を失いたくなかった彼は、視覚面で、音楽でいうトリプルフォルテを常時使いつづけるような真似をした。デリカシーはすべて無視され、質感やラインのよしあしは一顧だにされなかった。代わりにあったのが、有無をいわせない狂乱状態だ。新しいスタイルが登場するたびに、派手さやこけおどしの度合いが増し、ひとつひとつのショーウィンドウが、隣に負けじと大声を上げていた。じきにそれは限界に達し、絶えず無遠慮に鳴りまくる混雑中のクラクションが、ついにはだれの耳にも聞こえなくなるのと似たような状態になった。

ここであらためて、彼の競争相手はそれに輪をかけてひどかったことを指摘しておく必要があるだろう――それがいいわけになるとしての話だが。いずれにせよそうした店の多くは、カーナビー・ストリートの持つ本来のエネルギーを、茶番劇と化してしまった。

とはいうもののこれは、的はずれな見方なのかもしれない――カーナビー・ストリートはそもそも、美学や趣味のよさとは無縁だったのかもしれないのだ。もしかすると衣服ですら、本筋でなかった可能性もある。それはひとつの瞬間であり、爆発だった。うしろに一歩退いて、理性的になる時間が持てるのは、ほとぼりが冷めてからのことだ。当時はだれもがその勢いに巻きこまれていた。

かくしてジョン・スティーヴンは勝利を収め、ストリート一帯が彼につづいた。ポールズ・メイル・ブティックやロード・ジョン、アーヴィン・セラーといった新店の進出も止まず、じきにこのストリート全体、さらには隣接するストリートのすべてが、服であふれ返っているように見えてきた。

そしてだれもがそこで買いものをした——名のある人間もふくめただれもが。エキストラのようにうろつきまわる大量のティーンエイジャーのほかにも、ポップ・スターや映画スター、そして広告マン、パブリシスト、ジャーナリスト、カメラマン、BBC－TVの社員といったメディア界のエリートたち。さらには旅行客や観光客、判で押したようにドキュメンタリーを撮るヨーロッパ大陸の撮影隊、ユーストンやキングス・ロード駅から急ぎ足でやって来るお祭り好きたち。いや、それればかりかアンソニー・アームストロング＝ジョーンズまでも。

この現象は、ロンドンだけに留まらなかった。地方都市にもファブ・ギアやスウィンギング・シーンといった名前の小さなブティックがぞくぞくと開店し、男性ファッションに対する関心がはじめて、全国的なスケールでの動きとなった。

国外での波及効果は、本国以上に強かった。ビートルズ旋風がアメリカとヨーロッパの全土を席巻し、それを受けて英国的なるものすべてとティーンエイジに対する熱狂的なブームが湧き起こったのだ。それに応じてカーナビー・ストリートのイメージも肥大化し、ついにはセント・ポール大聖堂やウエストミンスター寺院と並ぶ、ロンドンの一大名所にのし上がった。

その意味で、60年代の世界的な男性ファッション・ブームを牽引したのがカーナビー・ストリートだったことに疑いはない。世界中の店やブティックがコピーしはじめ、派手さや狂騒の度合いで上まわることもしばしばだった。しかしここで重要なのは、衣服そのものが、そうしたインパクトを産みだしたわけではなかったことだ。それはその背後にある、ビートルズによって解き放たれた力だった――〝ポップ〟というモンスターである。

ジョン・スティーヴンがいなければ、カーナビー・ストリートもティーンエイジャーの大衆ファッションも存在しなかった。当時は革新的だった彼のスタイルも、現在では当たり前のものだと思われがちだが、英国のメンズ・ファッションに対する影響力はいまだに大きい。

9章 ハーディ・エイミスとピエール・カルダン

別のところで述べたとおり、メイン・ストリートの大衆向けファッション業界は、50年代を通じてずっと、アプローチを変える必要性をぼんやりと意識し、何度かおっかなびっくりで未知の世界に足を踏み入れていたが、いざふんぎりをつける段になると、毎回のように尻込みしていた。

しかし1961年になると、ついに本腰を入れはじめた——大手テーラー・チェーンのひとつ、ヘップワースがハーディ・エイミス*をデザイン顧問に雇い入れたのだ。これは大きなニュースだった。ノーマン・ハートネル*を別にすると、エイミスは英国でもっとも名の通った婦人服デザイナーで、女王や、ほかにも王室のさまざまなメンバーの衣服をデザインしていた。英国のファッションにたずさわる人々のなかでも、彼の名前はとりわけ威光が強く、その彼を傘下に迎えることで、ヘップワーズはメン

*ハーディ・エイミス
Hardy Amies（1909～2003）　英国女王ご用達のファッション・デザイナー。映画『2001年宇宙の旅』の衣裳デザインも担当した。ブランドの〝ハーディ・エイミス〟は2019年に破産を申請。

*ノーマン・ハートネル
Norman Hartnell（1901～1979）　女王を筆頭に、王室関係のウェディング・ドレスを一手に引き受けていた英国のファッション・デザイナー。映画、舞台の衣裳も数多く手がけている。

ズウェアに、かつてない――少なくともメイン・ストリートのレヴェルでは――社会的地位をもたらした。

それまではおしなべてどこか不快な印象だった男性ファッションが、今やある程度まで社会的地位を獲得していた。どれだけ縁遠かったにせよ、銀行員や事務員と、コーギー犬やガーデン・パーティの世界につながりができあがったのは、とりあえずハーディ・エイミスのラベルのおかげだった。

建築家の息子だった当のエイミスはすでに50の坂を越え、いたってまっとうな経歴をたどっていた――パブリック・スクール、戦時中は中佐、サヴィル・ロウの店。まちがいなく彼は、ひとかどの人物だった。

早くも1957年に、シャツやネクタイのデザインを少しずつ手がけはじめ、評判も上々だったものの、とくに大きな話題になることはなかった。そんな時、ヘップワースからお声がかかった。当のエイミスの見方によると、向こうはおそらく彼のことを、当初は短期的な話題づくり、手っ取り早く注目を集めるための手段としか考えていなかった。そして彼らはそのために、サヴォイで開かれる特別なショーの資金を出し、エイミスはその場で〝ニュー・マン〟という新ラインを発表した。

そのデザインはかなり煮え切らない感じがした。イタリアン・ルックの女々しさに対抗して、エイミスのラインはことさらに男らしさを強調していた。肩幅が広く、ウエストは細く、ゆったりしたズボンは途中まで軽く先細りになっていて、裾の広さは17インチ。全体的には少しばかり、砂時計を思わせるデザインだった。同時に彼は、ほぼ同形のショートコート、カーコート、セータージャケット、スポーツジャケットを送り出した。

没個性的な50年代に比べればマシだったものの、それは決して期待通りの成果とはいえなかった。依然、安全策を取るエイミスは、灰色と淡黄褐色とベージュから離れようとせず、つめもので本来のボディラインをごまかしていた。明らかに彼は改革者ではなく、単に手を加えることしかできない男だった。

それでもそれがひとつの意思表示だったことに変わりはなく、マスコミと業界はともに色めき立った。喜んだヘップワースは高額の契約――額は明らかにされていない――をエイミスと結び、彼の名前はそれ以来ずっと、同社のラベルに記載されている。

彼は大して変わっていない。年ごとに細かな調整を加え、多少は遊んでいるものの、決して先頭に立とうとはせず、60年代が進行し、ほかのデザイナーたちがより大きなリスクを取るようになると、中途半端感が出はじめた。ワッ！と脅かしてほしいのに、彼は一度もそうしてくれなかったのだ。

エイミスのいいぶんはこうだ。金をもらっているプロとして、自分には慎重になる責任がある。それに波風を立てるような真似は、ヘップワースも好まないだろう。「わたしに十字軍的な情熱があるか？　あると答えたいところだが、残念ながらそれは無理だ」と彼はいう。「自分がファッション界の実力者であることは自覚しているし、正直、それはわたしの喜びでもある。だが騒ぎは起こしたくない。それはわたしの流儀じゃないんだ」

エイミスに実際どれだけ自由裁量が許されているのか、そしてヘップワースの方向性にどれだけ影響力を持っているのかという点についても疑問はある。本人の弁によると、「わたしは1年から1年半前に仕事をはじめ、スーツやシャツからアクセサリーまで、全部のラインをつくり上げる。で、そのあと会議を開き、実際になにが可能かを話し合うんだ」

この言葉に嘘はない。ただ、いくぶん単純化されすぎている。全体的な方向性を、毎年、エイミスが決めているのはまちがいのないところだろう。また個々の衣類についても、アイデアを出しているのかもしれない。だが彼が画板の前に座り、自分の名前を冠したすべてのスーツのデザインをひねり出しているとはとうてい考えられない。

その大半はアシスタントたちの手に委ねられ、ヘップワース、そして再度エイミスのチェックを受けた上で――その過程で、何度か手直しが加えられる――最終的な製品ができあがる。だがそれは完全なハイブリッドだ。個性や情熱をいっさい感じさせない、ありきたりな仕上がりになることが多いのも、おそらくはそれが原因だろう。

またこれはこの数年ではっきりしてきた傾向だが、ヘップワースはエイミスにあまり華々しい舞台を用意しなくなった。60年代のなかばまでは、毎年、サヴォイで彼のショーを主催し、規模も年ごとに大きくなって、予算はとうとう2万5000ポンドにまで達した。むろん、マスコミも歓待を受け、彼らはそのお返しとして、自分たちの役割を忠実に演じきった。毎年、変わり映えのしないデザインを、お決まりのように〝エイミスのニュー・ルック〟と喧伝したのだ。

しかしながらヘップワースはやがて、金がかかりすぎると考えるようになり、こうした接待も終わってしまう。以来、エイミスの威光もいくぶん陰り気味だ。60年代の初頭とは異なり、少なくとも英国メンズウェア界の、押しも押されもしない巨匠ではなくなっている。

といってエイミスに不満があるわけではない。ヘップワースとのタイアップ以降、世界中の企業と契約を結んできた彼は、スーツ以外にも、セーターや靴、帽子や手袋、さらにはパジャマも手がけている。

とくに大きな利益を上げているのが、ジェネスコの傘下に設立されたハーディ・エイミスUSAで、スタート時のつまずきをよそに、現在は順風満帆だ。トータルで彼は、15社の顧問を務めている。自前の優秀なデザイナーが大勢いるヨーロッパ大陸では、ついぞ成功を収められたかったものの、それ以外の場所では好調だ。「わたしたちはひとつの巨大なハーディ・エイミス・ファミリーなんです」と今現在、彼の下で働くマイケル・ベントリーが口にすると、全員が笑顔になる。

経済的な成功は別にしても、エイミスはいまだに、業界で高い尊敬を集めている。デザイナーというより、先がけとして——なぜなら彼が道を開いたおかげで、ほかのよりオリジナリティがあるデザイナーたちが、チェーン店と同様の契約を結ぶことができたからだ。

そのひとりが、ピエール・カルダン*だった。

彼もエイミスと同じように、女性のファッションからメンズウェアに移ってきた。50年代に高級な婦人服業界で地位を確立し、末ごろからは男性用のデザインも手がけはじめる。しかしカルダンが本格的に活躍するのは1960年以降、彼とアシスタントのロベルト・ブルーノが〝ル・スタイル・アングレーズ〟と称するラインを発表し

*ピエール・カルダン
Pierre Cardin（1922〜）
フランスのファッション・デザイナー。1950年にクリスチャン・ディオールの下から独立すると、次々に斬新なデザインを発表して世界的な巨匠となる。ブランドの〝ピエール・カルダン〟はオートクチュールとプレタポルテの両面で、現在も幅広く展開中。

てからのことだ。

これはツイードとグレン・チェックを多用した伝統的な英国紳士、いわゆる郷士のロマンティックなヴァージョンで、乗馬服や鳥打ち帽ばかりかジョージ・バーナード・ショー風のニッカーボッカーまで取り揃えられ、その衣類には〝ロード〟や〝サー〟、そしてなぜか〝パーキンス〟といった名前がつけられていた。

とはいえほんとうに興味深かったのは、布地やネタ元ではなく仕立てだった。つまり、ついに身体のラインに沿ったジャケットが登場したのだ。丈が長く、身体にぴったり合い、肩幅は自然でウエストがくびれ、ヒップは広がっている。そのおかげで全体的に動きと流れを感じさせた。つめものも、歪曲も、ヴィクトリア朝風の隠蔽もない。自然な形があるだけだった。

今聞くとさほど画期的とは思えないかもしれない。しかし当時の状況下では、ダイナマイト級のショックだった。衣服はその下の身体に逆らってはならないという、たったひとつの提案だけで、スーツ全体のコンセプトがまるごと変化し、60年代のスタイルはすべて――シングルだろうと、ダブルだろうと、サファリだろうと、ネルーだろうと――その基本線に従うことになった。

話はいたって簡単だ――きみがスーツ姿でこの本を読んでいるとしよう。そしてもしそのスーツが少しでも流行を採り入れているとしたら、ラベルは無視してもかまわない。**きみが着ているのは本質的な意味で、カルダンのジャケットなのだ。**

当初、英国における彼の影響は、大部分が間接的なものだった。彼の店はまだ存在せず、その影響が伝わってくるのは、もっぱら彼の革新的なスタイルを自分たちのスーツで模倣した、エリック・ジョイやダグ・ヘイウォードのようなテーラー経由だったのである。以来ずっと、カルダンは同業者の敬愛をもっとも集めるデザイナーの座を守りつづけている。たしかに彼はその座にふさわしい存在だ――ただし成功作の合間には、いくつものクズを送り出してきた。たとえば〝ル・スタイル・アングレーズ〟を売り出していたのと同時期、彼は襟のない丸首のジャケットでも大当たりを取っていたが、それは丈が短くて窮屈なイタリアン・ルックの現代版にしか見えず、ブリオーニよりよくも悪くもなっていなかった。

しばらくするとこのスタイルは、ブリオーニがそうだったように、簡略化した上でロンドンに輸入され、一大ブームを巻き起こした。1年半にわたって売れつづけ、ちょうど勢いが衰えはじめたころ、ビートルズがステージ衣裳にしてくれたおかげで、それまで以上に脚光を浴びるようになった。

実際にビートルズのスーツを仕立てていたのは*ダギー・ミリングスだった。滑稽詩

＊ダギー・ミリングス　Arnold "Dougie" Millings（1913～2001）〝ビートルズの仕立屋〟と呼ばれたテーラー。映画『ハード・デイズ・ナイト』にも端役で出演している。

の達人としても知られる、グレート・プルトニー・ストリートの芸能界専門テーラーである。それでも基本的なアイデアは同一で、ビートルズ旋風が巻き起こると、丸首のジャケットは世界中で飛ぶように売れまくった。

むろん、カルダンにはなんの見返りもなく、ダギー・ミリングスもおとがめなしだった。メンズウェアの世界でデザインの海賊行為を阻止するのは、ほぼ不可能に近い難事だからだ。訴訟のリスクを回避したければ、ほんの少しの変更、たとえばディテールに二三ヴァリエーションをつけるだけで事足りてしまう。

気にすることはない――カルダンは彼なりに慰めを得ていた。婦人服のビジネス以外にも、自分の名前を世界各国の企業に貸し出しはじめ、既製服のメンズウェアや婦人服、ラジオ、ＴＶ、香水、自動車、化粧品等々に、彼の名前が使われるようになった。デザインが可能なものにはことごとく名前を貸し出し、とりわけアメリカからの収入は、まちがいなく天文学的な額におよんでいた。

問題は、彼が婦人服にもたらした特徴の数々が、大衆向けのデザインからはかけらもうかがえなかったことだ。ここにもエイミスと同様の疑問がついてまわった――彼は実際に、どの程度の役割を演じていたのだろう？　既製服を実際にデザインしていたのか、それとも単に監修していただけなのか？

その答えはどうあれ、彼のスピードは衰えず、1965年になると、ジョン・テンプルとネヴィル・リードを合併して400以上の支店（ヘップワースの支店数は最大で300だった）を展開していたチェーン店グループ、アソシエイテッド・テーラーズと契約を結んだ。

これは明らかにヘップワース／エイミス組への対抗策で、ライヴァルたる自分たちにも思い切った真似はできる、と証明することが目的だった。ただし噂によると商売としては、決して好調といえないようだ。カルダン・キャンペーンを主導してきたネヴィル・リードは、当然のように真相を明かそうとしないが、それはそもそも問題じゃない。儲けを出していようといまいと、衣服そのものは不評を買ってきた。

たとえばネヴィル・リードのストランド支店内には、1966年以来、独立したカルダンのブティックがある。しかし雰囲気と在庫の大半は、スティーヴニッジ*のバートンと大差がない。じっと目を凝らしてみれば、ジャケットの丈が少し長く、形もさまになっているのに気づく向きもあるだろう。それでも、しゃれっ気や個性はみじんも感じられない——色はダーク・グレイとダーク・ブラウンとダーク・ブルーが主流で、雰囲気的には完全に葬式だ。

なんとも悲しい話である。ヘップワースもアソシエイテッド・テーラーズも、当初

＊スティーヴニッジ　ロンドンのベッドタウン。キングス・クロス駅からは、列車で25分程度の距離にある。

はこの上なく意欲的だったことに疑いはない。つまりもっとたくさん服を売り、もっと金を儲ける気でいたということだ。一義的な意味では成功したといえるかもしれない。だが二義的な意味では失敗だった。当初の興奮が醒めやると、なにひとつ変わっていなかった。

根本的な理由は、だれも実際にはそれを望んでいなかったことだ。業界も、中年の顧客の大多数も、昔通りのままでまったくかまわないと思っていた。ときおり、漠然とうしろめたさを感じたメンズウェア業界が、ヘップワースやアソシエイテッド・テーラーズのような動きを見せることはあった。現に現在のメイン・ストリートでも、目新しい形や色彩の乱舞を片隅でちらりと目にすることはできる。だがその気になって探さないと無理だ。最初に店内に入ったときのながめに変わりはない――無限の灰色。

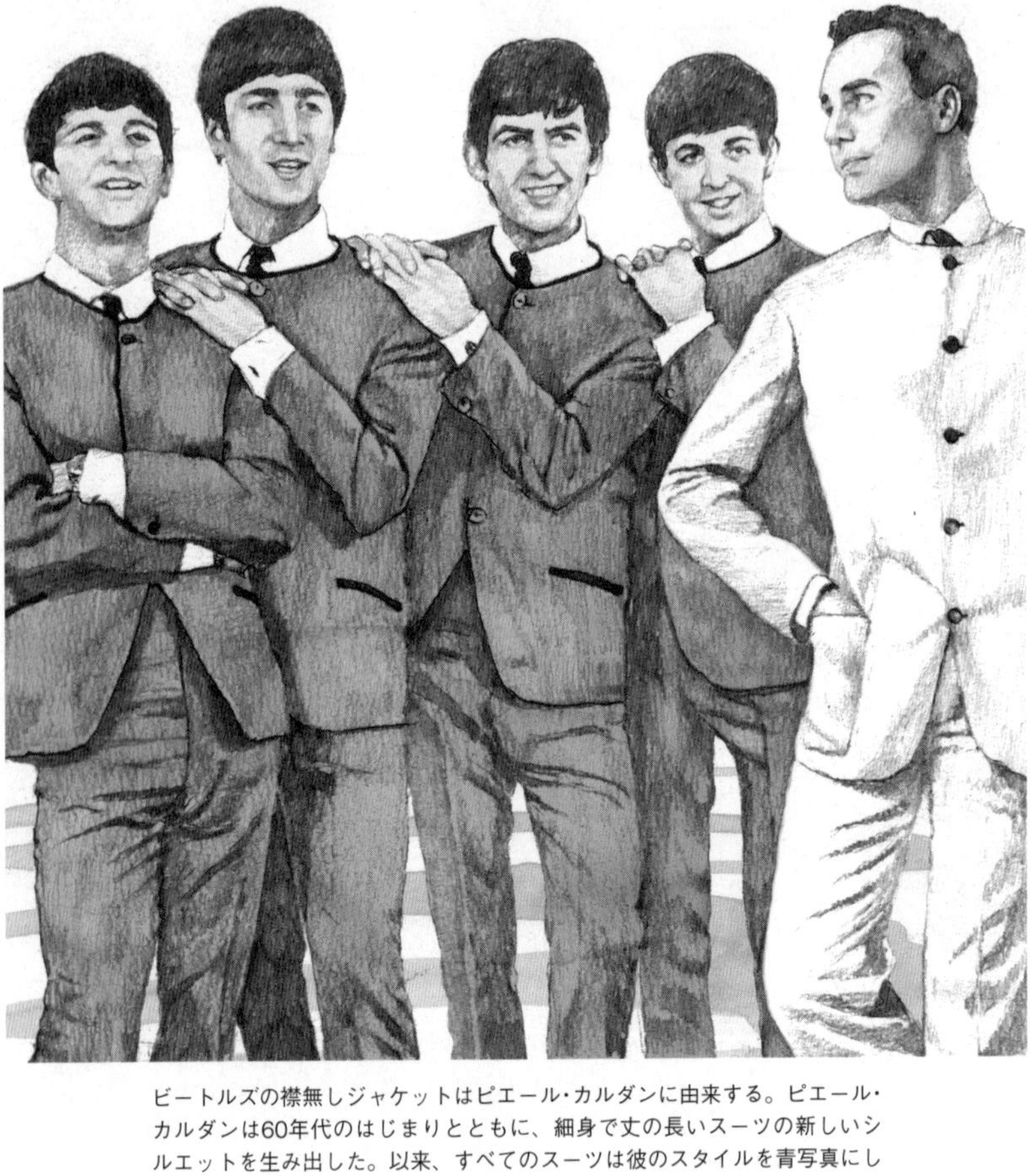

ビートルズの襟無しジャケットはピエール・カルダンに由来する。ピエール・カルダンは60年代のはじまりとともに、細身で丈の長いスーツの新しいシルエットを生み出した。以来、すべてのスーツは彼のスタイルを青写真にしている。

10章　モッズ――カルトから流行へ、そして……

あらゆるティーンエイジ・ムーヴメントのなかで、ぼくが先に触れたプロセスの最たる例となっているのがモッズだ。下草のなかから伸びてきたポップなカルトが伝播し、マスコミ的な現象へとエスカレートしたあげく、鋭さを失い、崩壊していくプロセスである。

モッズのスタートは1960年前後、かつてない、そして以後も類を見ない度合いで服装にとことんこだわり抜くティーンエイジャーが登場したときのことだ。その人数は決して多くなく、数十人が地方にぱらぱらいる程度だった。彼らは徒党を組まず、それ以前のティーンのスタイルとも無縁で、過去のおしゃれ者たちと異なり、上流階級にも属していなかった。もし彼らになんらかのパターンがあったとしたら、中流階級の出身で、親は事務員か小事業主、そしてユダヤ人の比率が高いといったところだろうか。金持ちではなかったが、それなりに金はあり、生活も安定していた。戦争や不況からもじゅうぶんに距離を取り、おかげでほぼなんでもためしてみることができた。

彼らは純粋主義者だった。手にした金は一銭残らず衣服に費やし、ディテールのひとつひとつに情熱を注ぎこんだ。毎朝、鏡の前で数時間を費やし、下着を1日に3回替えた。ニューカッスル・アポン・タインにいたトーマス・ベインズという知り合いの少年は、パーティーに呼ばれても、靴型とズボンのプレス機が用意されていない限り、セックスをしようとしなかった。

こうした人種が話題にならなかったのは、単純に彼らが、マスコミにも食いつきやすい呼称を名乗っていなかったからにすぎない。簡単にはパターン化できない彼らの存在を、把握するのはむずかしかった。またただれひとり、ほかの分野では足跡を残しておらず、そのスタイルが一般的に受け入れられることもなかったため、典型的な実例を挙げるのもむずかしい。いや、むしろそれが彼らのポイントだった。彼らに典型は存在せず、ひとりひとりが個々に独自のスタイルを追求していたのである。

そんななかでもバーナード・クーツは、かなり典型的なケースだった。ユダヤ人の彼はサウスゲートで中流の家庭に育った。15の歳で学校を辞めてヘアドレッサーになり、ハイゲートに暮らすマリアという娘に出会った。「彼女はすばらしい女性でした。すごく進んでいて、びっくりするようなアイデアの持ち主だったんです。毛皮の襟がついたマキシコートを着ていて、濃い赤の唇に黒い瞳。ぼくは彼女にすべてを教わり、そのおかげで服に目覚めました」

触発されたクーツは業界誌「テーラー&カッター」の編集部を訪ね、19世紀のバックナンバーをパラパラめくっていくうちに、ヴィクトリア朝時代のフロックコートを目に留めた。その後、クーツは自分用に、そのコートをつくらせた。それはダーク・グレイのウーステッドで、ダブルのヴェスト、ハイ・ボタンのジャケットと、フレア・パンツに合わせたコートを、彼はターコイズのタイピン、クラヴァット、ヴィクトリア朝風の立ち襟、それに鎖つきの金時計をつけて身にまとった。

当時の彼は週に3ポンド10シリングの稼ぎを上げていたが、このスーツはそれだけでその10倍もした。「でも自分がまったく新しい人間になったような気がしました。着ると、自分が一から人生をやり直しているような気分になれたんです」

彼の歩みは止まらなかった。じきにジャーミン・ストリートでシャツを手縫いさせるようになり、白いローン生地を用い、手首にレースのフリルがついたシャツ1着につき、10ポンド以上の額を支払っていた。切り下げ前髪にした髪の毛を長く伸ばし、慈善バザーに足しげく通って、タイピンや取り外しのできるシャツのカラーのようなお宝を漁った。その後、彼は2着目のスーツを、今度はハリスツイードでオーダーした。緑と茶色のチェックで、乗馬服風に仕上げられ、マリアを連れて外出した彼が一緒に地下鉄のなかで立っていると、だれもが驚きの目を向けて遠ざかった。

「ぼくはずっと、いくつかの価値観を信奉していました」と彼は語る。「着るものは全部一点もので、シャツは一度しか着てはならない。汚れたシャツを着て、『これでよし』というわけにはいきませんでした、なぜならそれはぼくからすると、決してよくはなかったからです。

風呂にもできるだけ入るようにしていました。可能な時は1日に2回。コロンで身体を洗い、カーヴィンのヴァン・ヴェールを使っていました。絶対にカジュアルな服は着ません。いつもきちんとしたなりをしていて、夏でもツイードとヴェストでした。どんなに暑くても耐えていたんです。完璧でいたかったから。

鏡がなかったら、行き場を見失っていたでしょう。それはぼくの人生でした」

ひたむきで、恥をかくことを厭わず、スノッブな点で、これはブランメルの直系といってよかったが、人に見られたいと願うところは、ブランメルの主義と相容れなかった。だが本質的にバーナード・クーツと彼の同類たちは、まごうことなきダンディで、ティーンエイジャー初のしゃれ者だった。テッズほかの先行するグループと異なり、彼らにユニフォームはなく、衣服を大人と闘うための、武器として用いることもなかった。彼らが相手にしていたのは、一にも二にも自分たち自身だった――まさしくダンディ流のナルシズムである。

新聞やTVに出ることがなかったため、彼らの影響力は局地的だった。しかし通りでその姿を見かけた少年たちが彼らに憧れを抱き、そのメッセージを近所から近所へ、自分たちなりにフィルターをかけながら広めていった。じょじょに**反抗ではなく自己愛から着飾る**という、新たなスタンスの支持者が増えはじめ、1962年になると、改宗者の数は〝モッズ〟というセクトが出来上がるまでにふくれ上がっていた。

様式化されたムーヴメントができあがると、当初の完璧主義は否が応でも薄れてしまう。それとともに、個人主義もおおむね失われた。バーナード・クーツからすると、モッズはどう見ても粗悪品だった――いちいち手づくりのアイテムを買うことも、コロンで身体を洗うこともなかったからだ。「ぼくの慣れ親しんでいたスタイルではありませんでした」とクーツ。「人からはよく〝モッズ〟と呼ばれていましたが、自分ではもっと大人のつもりでした。もっと自分をよくしたかったんです。ほかの連中と一緒に流されていく気にはなれませんでした」

だがかりにモッズがバーナード・クーツの基準を満たしていなかったとしても、世間一般の基準ははるかに飛び越えていた。当初、彼らはロンドン郊外の数か所——なかでもスタンフォード・ヒル——に集中し、14歳以上ならOKという非常に若い集団だった。のちにポップ・シンガーのマーク・ボラン*となり、現在はT・レックスでヒットを飛ばしている早熟の天才、マーク・フェルドは12歳で入門した。

「スタンフォード・ヒルズには、初代のモッズと呼べる男が7人ぐらい住んでいた」と彼はいう。「歳は二十歳ぐらいで、ほとんどがユダヤ人だったけど、全員、仕事はしていなかった。親のすねをかじりながら、ただブラブラしていたんだ。服のことにしか関心がなくて、いつもなにかしら新しいものを身に着けていた。

ぼくはそんな彼らのことを最高だと思い、家に帰ると文字通り、モッズになれますようにとお祈りしていた。ほんとうにそうしていたんだ。で、実際に入門すると、だんだんとスーツの数が増えてきて、6着ぐらいになった。そしたら急にみんながぼくのことを見たり、寄ってきたりするようになって、ようやくモッズとして受け入れられたわけさ。

当時のモッズは服のことしか考えていなかった。音楽や踊りやスクーターや錠剤が出てくるのは、もっとあとになってからだ。ぼくからするとモッズは精神面で、とて

*マーク・ボラン
Marc Bolan（1947〜1977）：1965年にレコード・デビューし、1968年にティラノサウルス・レックスを結成。サイケデリックなフォーク・サウンドでカルト的な人気を獲得する。1970年には名前をT・レックスとあらため、サウンドをエレキ化。原著が刊行された1971年の1月に〈ライド・ア・ホワイト・スワン〉を全英トップ10に送りこみ、一気にブレイクを果たした。

もホモセクシュアル色が濃かったと思う。肉体的な面ではぜんぜんそうじゃなかったけど。ぼくの場合は自分のことで手いっぱいで、とても他人に関心を持つ暇はなかったし、それ以前にまだ、すごく若かった。

『今週はスーツを1着しか買えなかった、来週は3着買わないと』といったこと以外、なにも考えていなかった。ほんとうにそれだけで、自分自身のイメージ、マーク・フェルドというアイデアに、すっかり心を奪われていたんだ」

実際の服装は地域ごとに差があったため、その時点ではまだ、一般的な〝モッズ・ルック〟について語ることはできなかった。ジャケットの多くはイタリアン・スタイルのアップデート版で、丈が短く、寸胴だった。ほかにもとても小さい、妖精のような靴があり、リーバイスもかつてなくもてはやされていたが、規則らしい規則は存在しなかった。1962年、マーク・フェルドは美しくカットされた丈の長いコート、黒革のヴェスト、ポケットチーフにラウンド・カラーのシャツといういでたちで、「タウン」誌に登場した。それは一分の隙もない、けれども分類不能なスタイルだった。

こうした派手な服装が可能になったのは、ひとえに60年代初頭のティーンエイジャーが、前例のないほど金銭的に恵まれていたおかげだった。モッズに戦争の記憶はなく、緊縮生活もわずかにその片鱗を覚えているだけ。また本物の貧困に脅かされたこともなかった。仕事をすると、彼らは裕福になった。仕事をしていないときも、失業保険を受け取り、こうした緩衝材に護られながら、モッズはうぬぼれと全能感、そしてデカダンな感覚を育んでいった。

貧困が消えたといいたいわけではない。しかしそれがいまだにはびこる地域、ティーンエイジャーがスラムに閉じこめられ、生き残りに必死になっていた地域で、彼らがモッズになることはなかった。彼らはカミナリ族か、ただのちんぴらになった。だがモッズは安定した生活の産物だった。

この動きは郊外からロンドン全域に広まり、シェパーズ・ブッシュが新たなメッカとなった。その後、今度は南海岸を席巻し、遠くノッティンガムにまで到達するものの、トレント川の上流では、さほどブームにならなかった。またこうして広まっていくうちに、そのスタイルは多様化した。純粋に衣服のために存在する代わりに、モッズは音楽やモノとも関わりを持つようになった。リッチモンドから登場したローリング・ストーンズが初のモッズ・グループとなり（本人たちはモッズではなかったが、モッズは彼らを受け入れて支持した）、彼らが全国的な人気バンドになると、ヤードバーズがその後釜に座った。「レディ・ステディ・ゴー！」は基本的にモッズのＴＶ番組だった。カーナビー・ストリートも、ごく短期間とはいえモッズ一色になった。

これはシェパーズ・ブッシュの時代で、バーナード・クーツが初代のモッズを認めなかったのと同様に、今度はマーク・フェルドが異を唱えた。「だんだん手に余りはじめた」と彼はいう。「モッズはクールじゃなくなっていたし、ぼくも話しかける気がしなかった。こっちはこの上なく真剣に考えていたのに、向こうはまがいものにしか見えなかった」

たしかにシェパーズ・ブッシュのモッズは、なにかにつけて雑だった。独自のスタイルをつくり出す代わりに、彼らは群れをなしはじめ、よりけたたましく、より荒々しく、より暴力的になっていった――だがその熱中ぶりに、衰えはほとんど見られなかった。

大半はとても背が低く、真面目くさった顔をしていて、年齢は17歳前後。スクーターを乗りまわし、集団で騒々しく移動した。どの地域にも着こなしのよしあしによって決められるトップ・モッドがいて、地域全体が彼と同じ着こなしをしていた。

その意味で、モッズのスタイルに場所によって変化した。とはいえそんななかにも、いくつか基本的な要素があった――小ぶりのモヘア・スーツに細身のズボン。ズボンは毎日プレスされ、ボウリング・バッグで運ばれて、パーティーの会場かダンス・ホールに入る直前にはき替えられる。白と青のストライプ入りで、長いサイドヴェンツがついた、コットンかシアサッカーのアイヴィー・リーグ・ジャケット。栗色か辛子色のスエード靴。襟にキツネの毛皮を縫いつけた、〝パーカ〟と呼ばれる軍放出品のアノラック。ニットタイ。ジャケットの下につける、クリップ式のサスペンダー。サッカーウェアとしか思われていなかったパーカを別にすると、これらはいずれも小ぎれいさや几帳面さを重視していた。それはモッズがこれ見よがしなスタイルではなかったからで、髪は短く、派手な服装は避けていた——カーナビー・ストリートが暴走し、冗談じみた商品で旅行客を罠にかけようとするようになると、彼らは早々にこの地を捨てた。こと趣味嗜好に関する限り、彼らはピューリタンだった。

彼らは奇妙なくらい自己完結型で、自分以外の人間には、女性もふくめて、あまり関心を示そうとしなかった。クラブではナルシスト的な夢に没入しながらひとりで踊り、鏡があると、そこには決まって列ができた。メーキャップ——アイライナーやマスカラ——も普通にしていたが、といって彼らが全員、ホモセクシュアルだったわけではない。それは単に、風変わりさのシンボルだった。

いっぽうで彼らに同調する娘たちは、フェイクファーのロングコートにスエードの靴をはき、髪の毛を短く刈って、男の子のまわりをウロウロしたが、まるで無視されていた。彼女たちはこの上なくみじめに見えた。

週末が来ると、モッズはイースト・エンドにくり出し、36時間ぶっつづけで起きていた。クラブやコーヒーバーやソーホーの街角にたむろし、くたびれるとクスリの錠剤――パープル・ハーツをひとつかみ飲んで、エネルギーを補給する。それをのぞくと、彼らはなにもしなかった。セックスとも感情とも縁がなく、なににつけても受け身でいるように見えた。彼らは幸福でも不幸でもなく、部外者の目には不気味に映った――生ける死人の群れ。

モッズの全盛期は疑いなく1964年のなかば、火曜の夜のマーキー・クラブにレギュラー出演するようになったザ・フーの台頭とともにはじまった。彼らはシェパーズ・ブッシュの出身で、全員がモッズ、あるいは準モッズだった。ユニオンジャックのジャケットやポップ・アートのTシャツなど、衣服にも強いこだわりを持ち、週ごとにまったく新しい衣裳に着替え、バンドのリード・ギタリスト兼ソングライター、ピート・タウンゼンドだけでも、週に最大で100ポンドを衣服に費やしていた。彼はまた〈マイ・ジェネレーション〉という曲を書き、これはモッズのアンセムとなった。

世間はオレたちをへこませようとする

The Who / My Generation

単純にウロウロしてるってことだけで……
あいつらのやり口はおそろしく冷たい感じ――
オレはおいぼれる前に死にたい

このころになるとモッズはマスコミに見つかり、それを機にこのムーヴメントは退潮期に入った。それまでのモッズは独自のスタイルとアプローチを持つ、はっきり限定された存在だった。ところがマスコミやＴＶはこの言葉を見境なく使いはじめ、モッズがかつてカーナビー・ストリートでショッピングをしていたということだけで、この通り全体がモッズのメッカと喧伝されるようになる。こうなってしまうともう、若さを感じさせる、少しでも目新しい、あるいはファッショナブルなものが無条件でモッズと分類され、世間一般でもそう理解されるようになるのは時間の問題でしかなかった。ビートルズはモッズだった。マリー・クワントも、マリオ&フランコのレストランも、デイヴィッド・ベイリーもモッズだった。アンソニー・アームストロング＝ジョーンズも、やはり根っからのモッズだった。広告マンの手にかかると、それは〝イカす《ファブ》〟や〝バッチリ《ギア》〟と同様、ポップ・グループばかりかコーンフレークや犬のビスケットにも使える即席の形容詞と化した。１９６５年になると、この言葉は完全に元の意味を失っていた。

こうしたもろもろに圧力を受け、混乱しながら、何千、さらには何万人ものティーンエイジャーが、その意味するところをまったく理解しないままモッズに転じた。彼らはごくありきたりな少年たちで、単に少し落ち着きがなく、少し武骨で、少し退屈し、新奇さに飢えているだけだった。ダンディズムや精緻さなど、彼らにはなんの意味も持たなかった。「えせモッズ」とシェパーズ・ブッシュ時代にトップのモッズだったクリス・コーヴィルはいう。「ぜんぜん本気じゃない、ただの益体もないガキどもだ。クールになりたがっていたが暴力的で、そこはずっと変わらなかった」

彼らはモッズの自己陶酔癖を、これっぽっちも持ち合わせていなかった。ボウリング・バッグでスーツを運んだり、身づくろいをしたり、鏡の前に何時間も立っていたりするようなことはいっさいない。代わりに彼らはダンス・ホールにたむろし、喧嘩やセックスに明け暮れた。そしてカーナビー・ストリートにわっとくり出し、オリジナルのモッズがうんざりした目を向けるなか、安くて派手な服をなんでもかまわず買い漁った。

その間にモッズに対する反感から、対抗するムーヴメントがスタートしていた。ロッカーズである。

これはカミナリ族の別称で、モッズの登場前は、すっかり勢いが衰えていた。ロンドンのカミナリ族はほぼ絶滅した。地方でもバイクに乗ったゲリラたちは瀬戸際まで追いつめられ、あちこちに散らばった生き残りたちが、運転手向けの安食堂でくだを巻いていた。

しかしモッズがブームになると、その流れに乗るのをよしとしないティーンエイジャーも数多くあらわれた。とりわけ北部と田舎には、モッズをやわで気味が悪いと考える少年が多く、そのまったく逆を行こうと、細身のズボンやラバーソールで武装した。カミナリ族の灰のなかから、不死鳥のようにロッカーズが飛び立ったのだ。

ただし大半のロッカーズは、使命感が薄かった。内なる衝動に駆られてというより、モッズに対する反感から、このムーヴメントに加わっていたからだ。そのためモッズが下火になると、彼らも同じ運命をたどった。

それでも、しばらくのあいだはルールを遵守し、髪の毛にグリースを塗りつけ、背中に虎の浮き彫りとスタッドを入れた黒の革ジャンパー姿で、ジェリー・リー・ルイスを崇め奉っていた。かくして闘いが勃発した――えせモッズとえせロッカーズのあいだで。

1964年から1965年にかけて、彼らは国民の休日のたびに、南海岸沿いの町に群れ集まって、正面から衝突した。騒乱は48時間にわたってつづけられ、だがその時間がすぎると、全員がきびすを返して帰宅した。やっているあいだは刺激的に思え、マスコミも飛びついた。新聞の論説記者や政治屋や説教師にとっては格好の話題となり、おかげでだれもが満足していた。それは5年後に開かれるワイト島ポップ・フェスティヴァル*と同様、誇大な表現にうってつけの機会となった――家族全員で楽しめる、20世紀のパントマイム。

しかしどれもあまり変わり映えのしない騒ぎが6、7回もつづくと、次第にマジックが薄れはじめた。マスコミは興味を失いつつあり、参加者、とりわけモッズも同様だった。騒ぎそのものはともかくとして、それにまつわるもろもろ、たとえばスクーターで町を流したり、錠剤をポンポン口に放りこんだり、さらにはモッズと名乗ったりすること自体が、使い古された感じになってきたのだ。

新しいスタイルが台頭していた。そこで勧められていたのは錠剤ではなくマリファナ、短髪ではなく長髪、無抵抗ではなく反逆だった。ヒッピーのために場所が空けられ、1966年になると、モッズは実質的に終わっていた。スタンフォード・ヒルから海辺での最後の乱闘までの期間は5年足らず。

そしてマーク・フェルドは今や、18歳になっていた。「ふり返ってみると」*と彼は

*ワイト島ポップ・フェスティヴァル　1968年から70年にかけて、イングランド南岸のワイト島で3回にわたって開催されたロック・フェス。ジェファーソン・エアプレインがトリを取った初回は1万人の集客に留まったが、ボブ・ディランとザ・バンドが出演した第2回は15万人、そしてジミ・ヘンドリックス、ドアーズ、ザ・フー、ジョニ・ミッチェルほかが出演した第3回の動員数は50万人にふくれ上がり、混乱のうちに幕を閉じた。

*原注：この章におけるマーク・フェルドとクリス・コーヴィルの発言は、ぼくが1967年のカラー版「オブザーヴァー」紙に寄稿した記事からの引用。

いう。「ときどき、すごく疲れてくるんだ」

モッズは郊外の中流階級のあいだで、ある種のエリート主義としてスタートしたが、数年でおもに労働者階級を中心とするティーンエイジャーの巨大なムーヴメントへと成長した。それとともに暴力性を帯びはじめ、1964年以降は南海岸で、テッズの進化系であるロッカーズと定期的に抗争をくり広げた。

11章　長髪とミック・ジャガー

今世紀の前半部を通じてずっと、長髪はホモセクシュアリティを意味していた。なかには――主としてソーホーに――例外もいたけれど、その数は決して多くなかった。「耳を出していなかったら、女々しいと見なされる」とバニー・ロジャーは語る。「いたって単純な話だった」

しかしながら50年代の後半に登場したビート族はちがった。彼らは髪の毛と髭を伸ばしたが、それは性的な嗜好ではなく、彼らからすると画一的で凡庸なエスタブリッシュメントに対する反抗心のあらわれだった。この意味で彼らは19世紀の社会運動、ウォルト・ホイットマンやフランスのボヘミアン、そしてとりわけ新たな価値観と道徳の探求を、肩まで伸ばした長髪、ルンペンじみた服装と、薄汚れた爪に仮託した1860年代のロシア人ニヒリストたちに立ち返っていたといえるだろう。

端的にいうと長髪は、不快な存在となることで自分たちを主流派から切り離したいと願うビート族の目的を一気に叶えてくれたのだ。長髪はヴィクトリア朝以降の社会がとりわけ重視するもろもろ――小ぎれいさ、公衆衛生、慎み――にことごとく反していた。それは韜晦《とうかい》や秩序あるふるまいといった考えをはねつける、意図的な野蛮行為だった。

前述のように、英国のビート族自体はアメリカで生まれたオリジナルの貧弱なイミテーションにすぎず、つねにどことなく滑稽味を感じさせた。しかし彼らのスタンスやルックスは、水で薄めた形で美術学生たちにも採り上げられた。長髪がはじめて一般層に広まったのも、美術学校を通じてだった。

50年代の末期にかけて、学生たちは髪型と服装の両面、さらには全般的なものの見方についても、ますます無秩序になっていった。むろんなかには薄っぺらい、一過性のブームで終わったものもある。たとえばアッカー・ビルクの熱狂的なファンがしていた、山高帽に農作業用の長靴という出で立ちなどがそうだ。だがなかにはもっと真剣で、長つづきするものもあった。

最初に長髪を一般大衆に広めたのは――薄められた形でとはいえ――ビートルズだった。

ジョン・レノンとスチュアート・サトクリフ（のちにハンブルクで亡くなるリズム・ギタリスト）はリヴァプールで同じ美術学校に通い、メンバー全員が、一般大衆も芸術的な雰囲気を味わえるビート風のパブにたむろしていた。そのうちに彼らは英国版のアレン・ギンズバーグともいうべき詩人兼画家兼グル兼オルガナイザー、エイドリアン・アンリ＊が率いるカニング・ストリート組《モブ》と出会う。クオリーメンとしてスタートしたときの彼らは、黒の革ジャンに細身のズボン姿のちんぴらだった。だが60年代のはじめになるといくぶん深みを増し、髪も長くなっていた。

彼らを見いだしたブライアン・エプスタインは、格好をかなり身ぎれいにした。威嚇的だった彼らにユニフォームを着せ、髪型をそろえてキュートに仕立て、たっぷり笑うように教えこんだ。それでも芸術学校くささは彼らのユーモアや不遜さに名残をとどめ、どれだけ軽石でこすり取ろうとしても、消し去ることはできなかった。

今、初期のビートルズの写真を見返してみると、なんともおとなしい印象を受けるし、髪の毛もかなり短い。それでも坊主に近い髪型が当たり前の当時は衝撃的だった。プレスリーのリーゼントともみあげ、それにダックテイルはテッズとともに姿を消し、それ以降は頭の側面を短く刈り上げた髪型のひとり舞台だったのだ。もしも大胆さをアピールしたければ、選べる道はふたつだけ。けば立った髪型になるイタリア風のレ

＊エイドリアン・アンリ Adrian Henri（1932〜2000）ロジャー・マッゴー、ブライアン・パッテンとの共著による詩集『The Mersey Sound』（1967年）で注目を浴びたリヴァプール出身の詩人、画家。同年、詩と音楽を融合させたロック・バンド、リヴァプール・シーンを結成し、5枚のアルバムをリリースした

ザーカットと、前髪をひとふさ眉毛まで垂らす、ビリー・フューリー・スタイルしかなかった。

そんなあとに登場したビートルズは、とてもワイルドに見えた。それ以前のポップ・グループにはなかった率直さがあり、ざっくばらんで、髪型もそれをあらわしていた。だがそれ以上に重要なのは、彼らが道を切り開く存在だったことだ。ビートルズが最後までやりきったわけではない。だが彼らはたとえばローリング・ストーンズのような、後続組のために道を開いた。

ストーンズはビート／美術学校の伝統を直に受け継ぎ、さらに押し進めた。まっとうな社会をとことん軽蔑していたばかりか、できるだけわざと不快に、暴力的かつ卑猥でかつ原始人的になろうとし、「過激になれ。醜くなるのも、厄介者になるのも、阿呆になるのも勝手だが、絶対に生ぬるくなるな」という、現在もてはやされている異議申し立てのスタイルを打ち立てたのだ――彼らのあるアルバムに入っていた、「このレコードは〝大音量〟でかけるべし」というただし書きのように。

彼らはあらゆる規則をないがしろにした。ストーンズ以前のポップ・グループ、そしてティーンエイジャーの大規模なムーヴメントにはすべて、ユニフォームが欠かせなかった。彼らはその流れに終止符を打ち、いったん地位を確立すると、好き勝手な

The Rolling Stones / Five by Five

格好をしてステージに立つようになった――ある時はキャンプで突拍子もなく、ある時は高価な装い、またある時はただのジーンズとTシャツといった具合に。

彼らがいわんとしていたのは、〝オレたちはオレたちのやりたいようにできる、守んなきゃならないルールなんてないし、オレたちにはなにも当てはまらない〟ということだ。それによってストーンズは、紳士、そしてボー・ブランメル以降形づくられてきた服装のコンセプトを完全に破壊した。

こうした動きを主導していたのが、傍若無人を地で行くマネージャーのアンドルー・ルーグ・オールダムだ。ハイヒールのブーツにズボンをはき、パフスリーヴのピンク・シャツと色つきの眼鏡、それに宝石を身にまとい、メーキャップをしていた彼は、信じられないほどキャンプで、よこしまで、露出狂的な男だった。そしてストーンズも、そんな彼のあとを追った。

そのローリング・ストーンズのなかで、もっとも創意に富んだ着こなしをしていたのがミック・ジャガーとブライアン・ジョーンズだ。現にジョーンズはグループがブレイクする以前から、服装で注目を浴びていた。だが彼らの人気が高まるにつれて、ジャガーが注目を集めるようになり、じょじょに彼は60年代を代表するしゃれ者と見なされるようになる。最高の、というわけではない――少なくとも伝統的な基準で見た場合には。あるいはもっとも革新的だったわけでも、もっとも冴えていたわけでもない。だが彼は典型的な存在として、だれよりも如実に時代を表現していた。

彼の服をリストアップしても意味はないだろう。あまりに数が多すぎるし、いずれにせよ重要なポイントを、見逃すことになってしまうからだ。そのポイントは無数のスタイルや生地や雰囲気をないまぜにし、だが決してレッテルづけする暇を与えず、「そう、あれがジャガー・ルックだ」といわせないことだった。

彼はダンディではない。むしろその対極に位置し、ダンディズムが奉じる教義の数々――こだわり、繊細さ、完璧主義――が、まさしく彼の攻撃対象となった。彼は無頓着でぶしつけだった。キッチュに走ったり、ポルノまがいの真似をしたりと、しばしば趣味の悪さを意図的に用い、シルクとデニム、ヴェルヴェットとサテンを衝突させた。色彩を乱舞させ、かと思うとブライアン・ジョーンズが亡くなった直後のハイド・パーク・コンサートでは、白のミニドレスを着用していた。

最高な時――珍しいことではなかった――の彼は、見るからにすばらしかった。最低な時――やはり、珍しいことではなかった――の彼は悲惨だった。だが成功だろうと失敗だろうと、それはさしたる問題ではなかった。彼はおしゃれを楽しんでいたが、その理論や制約はありえないほど退屈だと考え、失敗したところでそれがどうした？ という態度を取った。インパクトを与えるためならどんなリスクも厭わず、セクシーなものであれ、コミカルなものであれ、シュールなものであれ、ロマンティックなものであれ、サディスティックなものであれ、まるでスローガンのように衣服をまとった。もっぱらその自信と生来のスタイリッシュさを頼りに、普通ならばかげているとしか思えないような服装を、成り立たせてしまうこともしばしばだった。

だが初期の時代に重要視されたのは、ストーンズの服装ではない。それは彼らの髪型であり、ジャングルの奥からこっちをにらみつける殺気立った顔だった。ビートルズの場合と異なり、これはビート族の狙いにぴったり沿っていた——体制の味気なさに浴びせる、キツい侮辱や揶揄としての髪型。セックス、そしてエネルギーのシンボルとしての髪型。ほぼ宗教に近い存在としての髪型。

ビートルズ風に前髪を伸ばしたり、ビートルかつらを買ったりしていた男子学生や中年男は、その意味するところを知らずにいた。飽きれば捨てられ、別のオモチャに取って代わられるゲームか一時的な流行としか思っていなかったのだ。しかしストーンズのように髪を長く伸ばした場合、そこに誤解の余地はなかった。それはひとつの旗印、宣戦布告であり、彼ら以外のポップ・グループ、たとえばキンクスやプリティ・シングスのような美術学校上がりのリズム＆ブルース・バンドにも広まった。さらにはそのフォロワーたち、そしてさらには不満を抱いた一団の当代風な若者たちにも。

長髪の欠点、あるいはそのひとつは、だれもカットのやり方を知らないことだった。紳士がまだ紳士だった戦前の時代、業界のトップを走っていたのはカーゾン・ストリートのジオ・F・トランパー*で、この店は今もなお、どこよりもうまく髪をカットしてくれる。しかし長髪にはいっさい興味を示さず、クラブの会員や聖職者、それに郷士を相手にするだけで満足していた。

レスター・スクエアのロバート・ジェイムズのようなより60年代らしいヘア・スタイリストもいて、ポップ・グループやその取り巻きたちを一手に引き受けていた。しかしながら彼は例外的存在で、髪を長く伸ばした場合、通常、選択肢はふたつしかなかった。野放図に、まったく手のつけようがなくなるまで伸ばしつづけるか、それが駄目ならガールフレンドに頼んで切ってもらうのだ。いずれにせよ、仕上がりにはムラがあった。

かくして長髪は醜悪になった。理論的には炎のような、野生の荘厳さを感じさせる髪型となるはずだったのに、実際にはただ汚らしいだけだった。

とはいえそうしたむさ苦しさにも利点はあった。おかげで抗議の姿勢がより鮮明になり、現実味を増してきたのだ。新たに登場した〝ヒップ〟な人種も、うす汚さ——

*ジオ・F・トランパー　1875年創業の老舗バーバー。〝紳士の理髪店〟として知られ、ジョニー・デップは切り裂き魔を演じた映画『スウィーニー・トッド』出演に際し、ここでカミソリの手ほどきを受けた。理容用品や香水の製造、販売も手がけている。

掃除をしていない地下室、汚れたシーツと汚れた洗濯物、すえたセックスと猫のおしっこの臭い——を信奉していたビート族に追随した。伝統あるボヘミアンのモードに従って、彼らは画になるみすぼらしさに浸りきった。

この構図を把握するには、その前にまず、長髪が圧倒的に中流階級的な反逆行為だったことを理解しておく必要がある。中心になったのはいつものように美術学校だが、大学生や芸術家気取りの失業者にも広まっていた——それは実のところ、いたって安全な行為だった。

いっぽうで労働者階級のティーンエイジャーは、大半がまるで関心を示さなかった——社会の病理など、まるで知ったことではなかったのだ。彼らにとっての60年代は、より多くの収入とより多くの自由を意味する一種の黄金時代だった。ティーンエイジャーの例に漏れず、彼らにも思わず弾けてしまう瞬間はあった。だがそれはテッズと同様、直感と拳に根ざしていた。つまりサッカー場行き列車の車内を切り裂いたり、国民の祝日に大騒ぎをしたりするだけで満足していたのだ。それよりも過激な異議申し立てには関心を見せず、髪の毛も全般的に短いままだった。

だがこれが若いブルジョアになると、事情はまったく変わってきた。彼らにとって、国の豊かさはボーナスではなく呪いだった。なぜならばそのおかげで、リスクを奪われてしまったからだ。どれだけ熱心に自分たちは社会を拒否すると主張しても、彼らの立場は安定していた。

　これは耐えがたいことだった。そして長髪は、そんな彼らに逃げ道を提供した。とりあえずは野蛮で、危険で、妥協のない自分という錯覚を与えてくれたからだ。通りでヤジを浴びせられたり、校長に家に帰れと命じられたり、レストランで入店を拒まれたり、それどころか殴打されたり――これはずっと望んで止まなかった迫害だった。「侮辱されるたびにうれしくなるんだ」とアンドルー・ルーグ・オールダムは語っている。「だってすごくリアルだろ、ちがうか？」

ミック・ジャガーは60年代の絶対的なポップ・ファッション・アイコンだった。初期の比較的きっちりとしたスタイルから次第にアナーキー化し、その流れは1969年、ハイド・パークで開催されたフリー・コンサートの白スーツで頂点に達した。

12章　ダンディたち——上流階級の新しいエリート主義

１９５９年、おりしもマーク・サイクスのサークルが瓦解しようとしていたころ、クリストファー・ギブズはカムデン・パッセージでアンティーク・ショップをオープンした。アシスタントはハーレック卿の娘、*ジェーン・オームズビー＝ゴア。ふたりは親友になり、一緒に服を買いはじめた。

ふたりはとりわけ古着に注目した——ヴィクトリア朝時代のメルトン・オーヴァーコート、18世紀のヴェスト、ペルシャ製のブロケード・ネクタイ。まだ観光地になっていなかったポートベロ・ロードの市場に出向き、古いベルトやバックル、あるいは裏地に使えるインド更紗などを、手当たり次第にかき集めた。

スーナ・ポートマンの例に倣ってクリストファー・ギブズはモロッコに向かい、アラブ産のローブやスリッパ、それに大量のハシシを持ち帰っていた。彼は自宅で友人

＊ジェーン・オームズビー＝ゴア
Jane Ormsby-Gore（１９４２〜）アメリカ大使を務めた英国貴族、デイヴィッド・オームズビー＝ゴアの娘。当時はマイケル・レイニーと結婚していたが、ミック・ジャガーとの関係を噂され、ローリング・ストーンズの〈レディ・ジェーン〉は彼女のことをうたった曲だという説もあった。

たちに取り囲まれながら、マラケッシュのクッションに寄りかかっていたが、これはのちのヒッピー的なライフスタイルに英国人が挑んだ、最初期の事例だった。

このころには上流階級の不良分子にも世代交代が起こり、サイクス組《モブ》は過去の存在となっていた。新世代の大半はジェーン・オームズビー＝ゴアの友人で、その彼らとギブズの出会いをきっかけに、貴族的であると同時にボヘミアンなサークルが確立された――マイケル・レイニー、マーク・パーマー*、タラ・ブラウン、ニコラス・ゴーマストン*、デイヴィッド・ムリナリックとほか数人からなるサークルが。

彼らは多くの点で、サイクスやサイモン・ホジスンとほとんど変わり映えがしなかった。同じように排他的で、同じようなセンスを持ち、同じように自分たち自身の育ちを軽蔑し、先行する世代と同様、おもにポップ・グループや映画スターといった下の層から影響を受けていた。

ちがいは新しいグループが、さほど奇矯さを重視していなかったことだ。サイクスとそのフォロワーたちは、禁欲的な生活と闘う先駆者だった。だが一度そう宣言されてしまうと、反逆は習慣と化し、過激派はもはや用無しになる。かくして派手な服装やドラッグ、あるいはスローン・スクエア駅の前でひざまずくといった行為の出番はなくなり――その代わりに登場したのがダンディズムだった。

＊マーク・パーマー
Mark Palmer（1941〜）英国の世襲貴族。1966年に、イングリッシュ・ボーイという英国では草分け的な男性モデル・エージェンシーを開業した。

＊ニコラス・ゴーマストン
Nicholas Gormanston（1939〜）英国の世襲貴族。のちに貴族院議員を務めた。

青写真を提供したのは、ボードレールが１８３６年にしたためたこの文章だった——「ダンディズムが登場するのは、とりわけ民主主義がまだ全能ではなく、貴族制がまだ部分的にしか安定と価値を失っていない転換期だ。そうした時代の混乱の最中には、幻滅を覚え、自由を求めつつも、環境には生来恵まれている少数のはぐれ者たちが、新種の貴族制の創立というくわだてを思いつくこともある……ダンディズムは頽廃のなかのヒロイズムが放つ、最後の光輝なのだ」

というわけでそれがおおむね、60年代初頭の状況だった。ロンドンにやって来たパブリック・スクールの卒業生たちに、政界か軍隊か金融界といった明確な選択肢はもはや存在しなかった。彼らはもはや生まれついての統治者ではなく、役割も決まっていなかったが、いっぽうでまだ、主流派とも同化していなかった。当面のあいだ、彼らは宙ぶらりん状態だった。

なかでもより聡明でより型破りなタイプは、立ち往生を余儀なくされて、気晴らしを探しはじめた。以前なら帝国を築くために費やしていた時間を、彼らは今や、ギャンブルやハシシの吸引に費やし、〝ポップ〟の世界にどっぷり漬かった。またときおりブティックやアンティーク・ショップや、写真スタジオのような新しいオモチャを手に入れて、まるで目的があるかのように装うこともあった。

秘訣はそうやってつねに動きつづけることで、そうすれば退屈や徒労感を追い払うことができた。そこにはナイトクラブや旅、かならずどこかで開かれているパーティー、あらゆる種類の新奇なお楽しみ……そしてなによりも、服があった。

この意味で拠点を提供したのが、クリストファー・ギブズだ。感情面で人を支配するようなタイプではなく、気性的にも導師《グル》向きではなかったものの、彼はほかの面々より少しだけ年上だった。そして少しだけ賢明で、おそらくマイケル・レイニーを例外とすると、だれよりも着こなしがうまかった――「この国のしゃれ者のなかで」とエリック・ジョイは、ほとんど誇張を感じさせない口調で語る。「クリストファー・ギブズほど前衛的な男はいない。彼は大半のデザイナーよりも、多大な影響をファッションにおよぼした」

1961年に彼は、おそらく英国人男性としてははじめてフレア・パンツをはき、ベイルート産のフロッグ*つきヴェストを身に着けた。一瞬とはいえピンクがかったシャンペン色まみれになったり、アプリコット色のシルクのパジャマを着たりしていた時期もある。しかしながらそのすべてを通じて、ギブズはどこかしらユーモアを感じさせ、ほかの仲間たちに比べると執着心が薄かった。たとえばイートン校の出身で、3年にわたり女王の小姓をしていたマーク・パーマーは、ギブズに電話で、自分が締

＊フロッグ
衣服の前をとめる装飾的なひもとボタン。

めるつもりでいるネクタイのことを、40分間とうとうとまくし立てることもあった。

同時代の中流階級のしゃれ者、たとえばバーナード・クーツについてもいえることだが、注目を求めているという意味で、これは断じてボー・ブランメルが提唱したダンディズムではない。それでもネクタイ1本に40分費やす男を不精者と呼ぶことは、さすがのブランメルにもできなかったはずだ。

また衣服に対するこだわりは、ギブズとそのひと握りの友人たちに限られたものでもなかった。よりマイルドな形で全国の若い貴族たちのあいだにも広まり、1962年になると、独自のテーラーを支えられるだけの規模に拡大していた——ドーヴァー・ストリートのブレイズである（P184～188を参照）。

この現象をカーナビー・ストリートやモッズと混同してはならない。出所はかなりの部分、共通していた——戦争やその余波を知らないこと、余暇の増加、安心感、ポップの隆盛——ものの、雰囲気はまるでちがっていた。たしかに彼らは戦前の倫理観やライフスタイルを拒んでいたかもしれない。だが品質やスタイルにひどくこだわる点では、依然として伝統主義者だった。彼らが〝ポップ〟だったのはまちがいない。だが一般的という意味での〝ポピュラー〟では決してなく、カーナビー・ストリートの安っぽさには、軽蔑の念しか抱いていなかった。「クズだ」とデイヴィッド・ムリナリックはいう。「ずっとそうだったし、今もそうだ」

理論的にいうとダンディは、リベラルであると同時に解放された《リベレイテッド》側でもあった。彼らはビートルズのレコードを買い、すべての若者が同胞であるかのように、自分たちの〝世代〟について語った。だが彼らのいう世代は実のところ、もっぱらチェルシーとケンジントンに暮らし、金持ちで教養もあった。彼らはダンスホールや工場やサッカー場に群れ集まる、薄汚れた大衆を勘定に入れていなかった。「今ではみんながおたがいのことを愛している」とマーク・パーマーは語っている。だが彼のいう〝みんな〟には、本人とその友人たちしかふくまていなかったのだ。

彼らは実のところエリートだった。とはいえそれは血統やマナーをベースにしていた30年代のエリート主義ではない。またその育ちとはうらはらに、彼らはもはや紳士ではなかった。もしなにか呼び名をつけるとしたら、彼らは〝スター〟だった。そしてその価値判断も、ハリウッドを基準にしていた——ルックスのよさ、魅力、セクシュアリティ、成功。

つまりこれがボードレールのいう新種の貴族制だったわけだ。だがパーマーやマイケル・レイニーのような世襲貴族はその半分を占めていたにすぎず、より有名でよりパワフルな残りの半分は、**マスコミのヒーローという新参者**だった。

ノース卿の秘書の息子として生まれたボー・ブランメルが、無名人から皇太子以上に影響力の強い存在へのし上がったのと同じように、今や真のリーダーの役目はポップ・スターが務め――筆頭はビートルズとミック・ジャガー――生まれながらの貴族は脇役として、しばしばこびへつらう側にまわっていた。

こうした人的交流の中心地となっていたのが、レスター・スクエアのすぐ裏手にあったアドリブというディスコティックで、1964年から1965年にかけては、夜ごとにカーニヴァルが開かれているような感じがした。そこではビートルズが王族のあつかいを受け、ポップのエスタブリッシュメント――ロック・グループやそのマネージャー、モデルやそのカメラマン、グルーピー、記録係、売人、そしてダンディも――がそんな彼らを取り巻き、だれもがほかのみんなと、**なにかに映った自分たち自身の姿を見つめていた。**

常連たちは1年以上にわたり、実質的にそこで暮らし、出かける前の準備では、毎回、はじめてのデートに臨む女子高生のように煩悶した。「身づくろいにはたっぷり時間をかけ、これでいいと満足するまで、かなり試行錯誤していた。はっきりいってかなりナルシスティックだったね」とデイヴィッド・ムリナリックは語る。「もしだれかが同じ格好をしていたら、怒り心頭に発するか、最低でも不機嫌になっていた」

化粧の出番も多かった。たとえばクリストファー・ギブズはそんじょそこらのモッズよりもはるかに大量の化粧品を使い、フローリスやゲランのコロン、マン・タン*、コール*を塗りたくっていた。しかしモッズの場合と同じように、アドリブではそれがかならずしも同性愛者を意味しなかった。そうかもしれないし、そうではないかもしれない。いずれにせよ、その点にこだわる者は皆無で、どんなに大胆な真似をしても、それは通りすがりの人間に息を呑ませ、思わずあとずわりさせるための新たな一手としか見なされなかった。

客観的に見ると、アドリブの自己愛、排他性、そして独善性はとても正当化しがたいもので、早々と鼻につきはじめた。しかしさしあたりはカーナビー・ストリートと同様、その瞬間の高揚感と解放感が、趣味の悪さを圧倒していた。

なにもかもが新しかった。ポップとドラッグと衣服、ディスコティックとトラットリア——月ごと、そして週ごとに、なんらかの新鮮なご馳走が出されていた。「とにかく長いあいだ待っていたからね」とクリストファー・ギブズは語る。「一生といってもいいぐらい。そしてそれがとうとう、実現しはじめた。急にだれもが着飾って、駆けまわっているような感じになった——やっとのことで、楽しんでいたんだ」

それゆえ、かりにその動きが独善的だったとしても、その原動力はとりあえず喜び

*マン・タン
日焼け肌に見せかけるために使うクリームのブランド。

*コール
中近東の女性が使うアイシャドーの一種。

だった。「退屈はしなかった」とムリナリックは語る。「全部が大がかりなジョークだったんだ。恥なんて知ったこっちゃない。とにかく服を見せびらかし、じろじろ見られるだけで最高だった。人を脅かすのが楽しくてしょうがなかった」

1966年のある時期から楽しさは薄れはじめたが、その背景にはいつものように、マスコミが大きく関わっていた。マスコミに見つかったとたん、退屈さが忍び寄ってきた。アドリブに行って服を見せびらかし、酔っぱらうだけではもう、すまされなくなってしまったのだ――瞬時にしてそれは分析と、TVドキュメンタリーの素材となった。「自由放任主義」や「変わりゆく社会の顔」、「マッド・モッド・ロンドン」といった言葉が口にされ、インタヴューがおこなわれた。若者たちのスタンスが調べ上げられ、益体のない質問が投げかけられた。「なぜ着飾るのかと訊かれるたびに、楽しいからだと答えていた。すると今度は『なぜ楽しいのか?』と来る」とムリナリック。「そしてしばらくすると、楽しくもなくなった。終わってしまったんだ。あちこちで知られるようになって、プライヴァシーなんてぜんぜんない。なにもかもが自意識過剰で、退屈になっていた。ぼくは新聞が嫌いになった」

ピーコック革命やダンディの復興が長々と書き立てられ、コンセプトは完全にぶれてしまう。最初のうち、ムリナリックほかの面々は精神的なダンディだった。ところが今や混乱が生じ、10年前のエドワーディアン・ルックをなぞるかのように、エレガンスの復活や新時代の騎士道精神について、大量のたわ言が費やされていた。おかげでその要点を誤解した人々は、実際に摂政時代《リージェンシー》のスタイルを模倣しはじめ、ヴェルヴェットのヴェストやフリルのシャツやクラヴァットをこれ見よがしに着用するようになる。

むろん、これは愚かしい行為で、サー・フィリップ・シドニー*の本を読み、感銘を受けたボー・ブランメルが、みずからダブレット*とタイツ姿になるのと同じぐらいありえなかった。その服装はどう見ても派手で、それゆえ、ダンディズムには反していた。そしてそうした声高な装いこそ、ブランメルがなによりも軽蔑してやまないものだったのだ。

にもかかわらず、それはマスコミ——とりわけアメリカのマスコミ——とカーナビー・ストリートで大受けし、後者はこの〝リージェンシー・ルック〟を、ひと装束あたり15ポンドで大量に売り出した。業界誌はそれを〝ボタンと伊達男《ボー》〟*と呼んだ。

新しいしゃれ者のなかで、もっとも喧伝されたのがファッション・カメラマンのロード・パトリック・リッチフィールド*だった。だが当人に悪気はなく、またおしゃれにも熱心だったものの、決してお手本になるような存在ではなく、フリルやけばけば

＊サー・フィリップ・シドニー
Sir Philip Sidney（１５５４〜１５８６）英国の詩人、軍人。スペイン軍との戦闘で名誉の戦死を遂げ、〝英国男子の華〟と讃えられた。

＊ダブレット
ヴェストの前身。14世紀フランスで誕生した。

＊ボタンと伊達男《ボー》
ダイアナ・ショアが１９４８年に放った〈ボタンとリボン(Button And Bow)〉というヒット曲のもじり。

＊ロード・パトリック・リッチフィールド
Patrick Lichfield (Thomas Patrick John Anson)（１９３９〜２００５）英国の貴

しい装飾に入れあげるあまり、友人のひとりにいわせると「無声映画の紅はこべ*のよう」になっていた。

にもかかわらず、あるいはそのおかげで、彼以前に登場した男たちは、全員、影が薄くなってしまう。リッチフィールドはゴシップ・コラムを独占し、各種のプレミアに出席し、アメリカの雑誌でもプロフィールが紹介された。猟場番にもくすんだ緑のコーデュロイをはかせ、少なくとも1シーズンは、ニューヨーク社交界きっての花形だった。最終的に彼は、世界のベストドレッサー10人のうちの1人に選ばれた。

彼のようなタイプはほかにもいた。それどころか大勢が似たようなパントマイム的アプローチを取り、そのすべてが相まって、大きなブレーキとなりはじめた。「すべてが自滅しはじめていた」とムリナリックは語る。「時間と手間がかかりすぎるせいで、最後にはいつも靴をピカピカに磨いたり、ズボンがしわにならないようにして座ったりするのが苦痛になってきたんだ。だんだんとみんな、脱落しはじめた」それが多かれ少なかれ、60年代におけるダンディズムの終焉だった。その崩壊は必然ともいえた。本来はもっと人生のスピードが遅い、別の時代に属していたからだ。またゲームの例に違わず、それはもっぱら新奇さを生命線としていた。

だが束の間で終わったとはいえ、それはかなり魅力的なゲームだった。「あぁ、鏡」

族、カメラマン。王族と近しく、1981年にはチャールズ皇太子とダイアナ妃の結婚式でオフィシャル・カメラマンを務めた。

＊紅はこべ
作家のバロネス・オルツイが生み出したヒーロー。あでやかなコスチュームが特徴で、何度も舞台化、映画化されている。

とクリストファー・ギブズはいう。「ぼくのふしだらな恋人よ、愛している」

60年代に一世を風靡したアドリブの前に立つクリストファー・ギブズ。

13章 〝男性ファッション〟の登場

短命に終わり、進展することもなかったが、それでもダンディは重要な意味を持っていた。たしかにダンディズムの大々的な復活にはつながらなかったかもしれない。だがそれは、男性ファッション全般が開花するきっかけをつくったのだ。

ダンディズムとファッションはまったくの別物だ。前者にはある種の連続性――それによって極私的なスタイルに到達し、そのスタイルをかたくなに守り抜くようなイメージがある。いっぽう後者は好事家向けで、好みや似合う、似合わないは別に、あらゆる代価を支払ってでも追求すべきものだ。だがその両者に共通しているのが、外見に対するこだわりで、ダンディズムが富裕な英国人男性の生活に取りもどしたのもこれだった。

60年代の初頭にダンディたちが活動を開始するまで、男性向けのハイ・ファッションなどというものは存在しなかった。すでに述べたとおり、モッズ的なるものは市場のずっと下のほうで、じょじょに勢いを増していた――最初はセシル・ジー、次にジョン・マイケルを経由して、カーナビー・ストリートの台頭とともに、いよいよ火がつこうとしていたのである。だが上流階級の市場は依然としてサヴィル・ロウに限定されていた。そこでつくられるのは優に10年は着ていられる、それゆえ流行《ファッション》とは無縁なスーツだった。

ダンディたちはこの状況を変えた。自分たちの衣服に気を遣い、新たな工夫を加えることで、より**ファッションに意識的なアプローチを取る新世代テーラー**の登場をうながしたのだ。するとアドリブを舞台にしてサーカスの幕が開き、ダンディたちを経由して、おしゃれに対する情熱がポップの貴族階級全般に浸透しはじめる。60年代のなかばになると、ファッショナブルな世界がしっかり確立され、絶えず広がりつづけていた。

ここからは意識の面で、男性ファッションは女性ファッションとほとんど区別がつかなくなる。同じように流行と廃りを気にかけ、同じように年に1、2度、方向性を転換し、同じようにこれでいいのかと思い悩み、同じように人より先んじようとするようになったのだ。

これが「タイム」誌のいう〝スウィンギング・ロンドン〟――イタリアン・レストランに陣取ったり、服を買ったり、ビートルズを聞きながらラリったり、長い休暇に出たりすること以外は無用とされた、大いなるどぎつさと気取りとデカダンスの時代だった。

かくしてハイ・ファッションがメンズウェアのあらゆる分野――仕立業、シャツ・メーカー、帽子。靴などなど――に登場しはじめ、それらがひとつにまとまって、高級婦人服業界のような小規模産業を形成した。

その父祖は1962年に開業したブレイズで、3人のパートナーが経営していた――元イートン校生でデザイナーを志望していた22歳の＊ルパート・ライセット・グリーン、クラーケンウェルの裁断師で、特徴的な唇の持ち主だったエリック・ジョイ、そしてしばらくは財務を受け持っていたが、その仕事に飽きて金融界に転じたチャーリー・ホーンビイである。

当初、この店はテーラーだったが、同時に既製服も手がけ、そのないまぜ状態のなかから、英国では初となるカルダン以降のスーツを生み出した。コピーというよりはアレンジだが、ハイウエストで丈の長い、細身のジャケットであることに変わりはなく、深いヴェントや幅広のラペルなど、細部に強くこだわっていた。暗緑色やクリー

＊ルパート・ライセット・グリーン　Rupert William Lycett Green（1938～）英国のファッション・デザイナー。彼のデザインしたスーツは、時代の象徴としてヴィクトリア&アルバート博物館、メトロポリタン美術館、ロンドン博物館に所蔵されている。

ム色、あるいは幅広のチョークストライプといったカラー・ヴァリエーションがあり、価格はサヴィル・ロウと同等の60ポンド前後。全体的に、とてもさっそうとした印象だった。

最初からルパート・ライセット・グリーンは、自己宣伝の才を見せていた。なんといってもイートン校出身の店主は、60年代に入ってもまだ珍しく、それだけでまず安直な話題づくりになった。上流階級の人間が仕立業に資金を出すのはこれがはじめてではない。だが実際に店に出て、商いに手を染めた人間は彼がはじめてだったのだ。さらにはライセット・グリーン自身が、広告塔的な存在だった。とてもほっそりとしていて背が高く、ジョン・ベッジュマン*の娘と結婚していた彼は、当意即妙の受け答えができる魅力的な男で、敵と相対しても動じなかった。総じて彼はコラムニストが夢見るような存在で、当人もその利点を積極的に活用した。

ブレイズのもうひとつの戦力、より具体的な戦力だったのがエリック・ジョイで、この男は実際に裁断ができた。これ以前は冒険的な装いをしたいと思ったら、カーナビー・ストリートに出向き、身体に合わない窮屈な服で我慢するしかなかった。だがジョイのおかげで苦しい思いをせずに、ワイルドな装いができるようになったのだ。

しかしながら実のところブレイズの成功は、その品質というよりも、スノッブな層

*ジョン・ベッジュマン John Betjeman（1906～1984）TVにしばしば出演し、高い人気を誇った英国の桂冠詩人。ヴィクトリア朝時代の建築物の保存にも力を注いだ。

にアピールする力のたまものだったのかもしれない。商業的に見ると、その最大の強味は、ふたつの世界に同時にフィットできる曖昧さにあった。いっぽうでその服は、斬新で型破りだった。だがもういっぽうでブレイズは、ショップというよりクラブのような雰囲気を漂わせるジョージ朝様式の店舗をドーヴァー・ストリートに構え、顧客のなかには貴族もちらほらふくまれていたのである。

そこは〝ポップ〟であると同時に〝アマチュアの紳士〟的な店だった——店内ではピンクのシャツ、そして試着室ではバックギャモン。社会的なものであれ、ファッション的なものであれ、審美的なものであれ、ブレイズはすべての要望に応え、アドリブ流の貴族社会を完全にカヴァーしていた。

にもかかわらず、金にはならなかった。店は高級雑誌にこぞって採り上げられ、スーパースターであふれ返っていたものの、チャーリー・ホーンビイはすでに去り、ライセット・グリーンはまだ、ビジネスを理解していなかった。最終的に彼は、変わることを余儀なくされた。「1965年にこう自問してね。〝ちゃんとやるつもりなのか、それとも辞めてしまうのか？〟ぼくはやっていくことにした。そしてサヴィル・ロウに居を移し、プロになったんだ」

これは大いにシンボリックな動きだった。古株のテーラーたちと向こうの本拠地で対峙することで、彼は明確に対抗勢力――新たなエスタブリッシュメントとしての位置づけを打ち出し、ハイ・ファッションのデザイナーたちも大半が彼に追随した。かくして現在、サヴィル・ロウ周辺のストリートは、新旧の勢力でほぼ完全に二等分されている。

翌年にはエリック・ジョイが決して友好的とはいえない形で離脱し、まずマイケル・フィッシュの下で働いたあと、コーク・ストリートの地下室で独自の店をオープンさせた。店は繁盛し、現在も彼は、だれにも負けないぐらい裁断がうまい。

以来、ライセット・グリーンは、ブレイズの日常業務よりも、デザイナーとしての自分に重きを置くようになった。店にはスーツ以外にも、コートやシャツやアクセサリーが所狭しと並べられ、ライセット・グリーンも単なる店主ではなく、クリエイティヴなアーティストと見なされている――今までのところは。

その成果はまちまちだ。ボーナスが得られることもあれば、失敗もあり、ヒッピーが登場すると、一時は完全に低迷した。あとに取り残されまいとして、ライセット・グリーンは泡を食ったように華やかな衣服を売り出した――カフタンやフリンジやネルー・スーツといった、サイケデリックな装束一式を。

財政的に見ると、この動きは正解だった。彼は依然としてマスコミに愛され、店の年商は20万ポンドを超えた。しかし道化師じみたスタイルは彼の本分ではなく、ギミックや奇抜さの面では、すぐ近くのミスター・フィッシュに大きく水を開けられていた。彼はけっきょくこの路線をあきらめ、いちばんの得意分野——1着100ポンドまで値下げされた、仕立てのいい、落ち着いたスーツに立ちもどった。

彼の評判はまちまちだった。イギリス最高のデザイナーと非常に高く評価する声もあれば、功績はすべてジョイのもので、アイデアの出所もクリストファー・ギブズやマイケル・レイニーのような顧客だったと斬り捨てる声もあった。

ぼく自身は、その中間あたりだと思っている——優秀な店主で、自己宣伝にも長けているが、いささか気取りが鼻につくというふうに。しかしながらブレイズという店が、重要な役割を果たしてきたのはまちがいない。実際に身体にフィットするスーツの先駆けとなり、少なくとも最初の3、4年は、ロンドン随一のメンズ・ショップだった。

この時期、唯一のライヴァルとなったのがダグ・ヘイウォード*だ。フラムの高級テーラー、ディミ・メジャーで働き、その後、1963年に独立したイースト・エンドの人である。当時の彼は28歳で、野心に燃えていた。むろん、ライセット・グリーンのような毛並みのよさはない。だがよりプロ意識が強く、フィッティングのために顧客

*ダグ・ヘイウォード
Douglas Frederick Cornelius Hayward（1934〜2008）英国のテーラー。映画『アルフィー』でマイケル・ケインが演じたプレイボーイや、ジョン・ル・カレの小説『パナマの仕立屋』に登場する〝ハリー〟のモデルは彼だといわれている。

*テレンス・スタンプ
Terence Henry Stamp（1939〜）英国の俳優。

の家を訪れたり、変更に次ぐ変更を際限なく加えつづけたりと、服のためにはいっさい労苦を惜しまなかった。人当たりがよく、忍耐力に富み、身を粉にして働いた。

早々にヘイウォードは、信奉者を集めはじめた。ダンディというより芸能人が多く、とりわけ*テレンス・スタンプ、トミー・スティール、*マイケル・ケインといった成功したイースト・エンド人は、彼を同胞と見なして援助を惜しまなかった。

そこから彼の評判は、*ノエル・カワードやジョン・ギールグッドのような演劇人、さらにはポール・マッカートニーのようなおしゃれ好きのポップ・スターにも広まった。ほどなくして開いたメイフェアの店は、以来、一度もつまずくことなく成長をつづけている。スタンプやミック・ジャガー、あるいはエリック・ジョイと同様、タフで、不遜で、言葉になまりがある彼は、それゆえにトレンディな貴族階級から人気を博してきた。いや、それどころか一種のマスコット的存在となり、60年代末にはパトリック・リッチフィールドと組んで、あらゆるタイプの目新しさを網羅したバークスというクラブをオープン。ランチタイムになると、ヘイウォードはそこに堂々と鎮座し、その野卑さによって、大いに敬愛を集めている。それを面白がるような目で見ている者は、もはやほんのひとにぎりしかいない。

彼はまた、とても公平なテーラーだった。聡明で、ひょうきんで、横柄なところは

1965年の映画『コレクター』で異常性格の青年を演じて注目を集め、その後も現在まで個性的な役柄を演じつづけている。

*マイケル・ケイン
Michael Caine（1933～）
1965年の映画『国際諜報局』で、007のアンチテーゼともいうべきクールでシニカルなスパイ、ハリー・パーマーを演じた英国の俳優。近年ではクリストファー・ノーランの作品に数多く出演。また〝スウィンギング・ロンドン〟のドキュメンタリー『マイ・ジェネレーション　ロンドンをぶっとばせ！』では狂言まわし役を務めた。

*ノエル・カワード
Noël Coward（1899～1973）　英国の劇作家、俳優、作曲家。『陽気な幽霊』、『焼棒杭に火がついて』といった洗練された喜劇で知られ、1920年代にはファッション・リーダーとして、スカーフやタートルネックのセーターを流行させた。

まったくない。「うちの顧客はきっと、この街でいちばんむさ苦しい集団だろう。ほかのだれよりもむさ苦しい見てくれになるために、わざわざ金を払っている。ファッションには興味がないし、デザイナーや、女々しいスケッチや、流行廃りにも興味がないんだ。うちには特定のスタイルなんてない。オレはただ仕立屋として、身体に合ったスーツをつくるだけだ」

サヴィル・ロウは当初、ヘイウォードにもルパート・ライセット・グリーンにも興味を示さなかった。老舗のテーラーは5年間ずっと、成り上がり者たちが没落し、カーナビー・ストリートが無に帰し、すべてが戦前の健全さに立ち返るときを、余裕の面持ちで待っていたのだ。そうはならないことに気づいたとき、若い顧客の大半は彼らのもとを離れていた。

そのころにはもう手遅れだった。おそらく顧客の半分が、完全に彼らの手が届かないところに行ってしまい、残りの半分だけで生き残っていくのはむずかしくなった。小さなテーラーが次々に破産し、経費の上昇と徒弟不足を受けて、最大手のテーラーまでが苦境に立たされた。**もしアメリカ人観光客相手の商売がなかったら、サヴィル・ロウは1970年までに破綻していただろう。**

それに比べると、ほかのエリート主義的なメンズウェア業界はより柔軟だった。たとえばジャーミン・ストリートのシャツメーカーは、時代の変化を敏感に感じ取り、より多くの色彩と、より身体にフィットしたシルエットを採り入れはじめた。1962年、そのなかでおそらくもっとも格式の高いターンブル&アッサーは、クリーム色のシャツをスラブシルクでつくってほしいというデイヴィッド・ムリナリックの依頼を、「やりようがない」という理由で断っていた。3年後、彼らは店先をジプシーのキャラヴァンさながらに塗り替え、セールスマンのひとりだったマイケル・フィッシュが、シルクとヴォイルとサテン、そしてひだとフリルの狂宴のなかに飛びこんでいこうとしたときも、あえて異議は唱えなかった。

戦前からつづくお堅い老舗が完全に時代の変化を支持する側にまわったのは、これがはじめてのケースだった。しかも彼らは妥協せず、ターンブル&アッサーのシャツは突然、秩序のシンボルから幻想へと変貌を遂げた――花柄のパターン、ポスターのようなプリント、荒々しく燃え上がり、衝突し、あふれ出す色彩。

この移行は業界内でこそかなりの波紋を呼んだものの、外部ではほとんど注目されなかった。なぜならこの時期になると、あらゆる分野で一気に革新的な動きが起こり、とてもいちいち追っていられなかったからだ。ついに本当の変化がはじまり、それが雪だるま式にふくれ上がって、一種のブームを生つくり出した。「だれもが熱狂していました」とジャスト・メンのチャールズ・シュラーは語る。「それでぼくも、だったら仲間に入ってやろうと思ったんです」

1964年から1965年にかけての1年ほどで、ジャスト・メンには仕立てのいい既製品のフレア・パンツ、チェルシー・コブラーにはハイ・ブーツ、ターンブル&アッサーには、ふたたびマイケル・フィッシュの手になる大胆なパターンをあしらった幅広のネクタイ、そしてほかにもウエストの細いシャツ、ファッションを意識したキャップ、とりわけ学生帽《スチューデント・キャップ》や、より丈の長いオーヴァーコートといった初物が、それこそ際限がないぐらい登場した。

とくに強く求められていたのが、あるふたつのアイテムの現代化だった——靴と眼鏡である。

英国の靴は長年のあいだ、黒か茶の牛革でつくられた、ひもで結ぶ、イーヴリン・ウォーがいうところの〝足のごときもの〟を意味し、醜悪であると同時に変化にも乏しかった。ときおりティーンエイジ市場がラバーソールや先細の靴といった代案を出し、戦後はサイドゴアのスリッポンも市場を拡大していたものの、基本的に靴のデザインは服の仕立てに負けず劣らず停滞し、ファッションのセンスは皆無だった。

海外の事情はちがっていた。英国の男性は靴を、足首の下にある見栄えのしない装飾品としかとらえていなかった。しかしフランス、そしてとりわけイタリアでは、スーツやシャツと同等に重んじられ、多種多様な形や色や革で盛大に売り出されていた。

60年代の中期には、その幅がさらに広がった。カーナビー・ストリートと、そこから生まれた世界的なメンズウェア・ブームに引っぱられるような形でヨーロッパのデザイナーたちは息を整え、おもむろに紳士靴の多様さや創意や変化のスピードを、婦人靴のレヴェルまで引き上げようとしはじめた。

仕立業とちがって靴には国境がなく、ヨーロッパ大陸の主要なメーカーは、いずれも英国に販路を持っていたため、その影響はすぐさまあらわれた。まずはグッチ、次いでバリーとラヴェルが市場を新たなスタイルであふれさせると、トッパーやエリオットのような英国のメーカーも同調し、1966年ともなると、店のウィンドウは想像しうる限りの形状やギミックで満杯になっていた――つま先の丸い靴や尖った靴、ローヒールやハイヒール、エナメルやキッド皮やヘビ皮の靴、バックルやカフスつきの靴……。

このすべてが当たったわけではない。おそらくは大半のデザイナーが婦人服の分野でも仕事をしていたせいで、全体的に気取りが鼻についた。ウィンドウでは見栄えがよかった、つま先が丸くて艶のある、銀色のバックルがついた靴も、扁平足で毛深い脚の英国男性がはくと、必要以上にきゃしゃさが強調された――まるで小公子の扮装をしたアーサー・ムラード*のように。

ブーツはまだマシだった。もともと男っぽかったこの靴は、チェルシー・ブーツとビートルズの登場によってポップ界における定番のフットウェアとなり、60年代を通じてその座を守った――チェルシー・コブラーがそのヴァリエーションを提供するようになってからはとくに。

1965年にスタートしたコブラーはまず、ハング・オン・ユーやダンディのようなチェルシーのブティックに靴を卸していた。そのおよそ1年後、ドレイコット・アヴェニューに小さな店をオープン。その後、サックヴィル・ストリートに本拠地を構え、一気に〝ヒップ〟な靴屋となる。彼らの靴はやりすぎなことが多く、10ポンドから20ポンドという値段からすると、バラバラになるのがあまりにも早すぎるきらいがあった。だが膝までの高さがある、ジッパーつきのブーツを最初に売り出したのはまちがいなく彼らで、ヘビ皮、カンヴァス、パッチワークといった新しい素材を最初に導入したのもそうだった。

とはいえほかのいかなる衣類にも増して、男性の靴は女性のファッションの後塵を拝してきた。ハイ・ブーツはけっきょくのところ、「おしゃれ㊙探偵」*でキャシー・

*アーサー・ムラード
Arthur Mullard（1910～1995）英国の俳優。おもにTVのシットコムで下卑たロンドンっ子を演じた。

ゲールがはいていたブーツを元ネタにしていたし、そのブーツもまた、フェティシストのブーツが元ネタだった。男性用のスタイルの多くが両性具有的なイメージを与えてきたのは、もしかするとそれが理由なのかもしれない。なによりも求められていたのは、総じて男性的な男の靴をデザインできる、独創的なデザイナーだった。

しかしながら眼鏡の場合、ファッションの流入にはなんの留保条件もなかった。60年代以前、目が悪い人間は無条件でひどい見てくれにされ、それに抗う手立てはほとんどなかった。だがそこに今、変化が起こった。

戦争以降はずっと、角縁で長方形のナショナル・ヘルス・タイプが主流で、これをかけると学があるように見えるが、セクシーさとは縁がなくなった。50年代に太い黒縁のマディソン・アヴェニュー・フレームが入ってくると、ひ弱なイメージはなくなったものの、代わりにガス室を思わせる冷酷さがついてまわるようになる。だが眼鏡のデザインが実際に向上し、装飾のためだけにかけてもいいレヴェルに到達するのは、60年代に入ってからだった。

改善はふたつの方向でおこなわれた——新しい形のフレームが増えてきたことと、色つきのレンズや、度つきのサングラスが用いられるようになったことだ。いずれの場合も最大の突破口を切り開いたのはオリヴァー・ゴールドスミスというメーカーで、

＊おしゃれ㊙探偵
The Avengers　1961年から1969年にかけて放映された英国のアクション・ドラマ。オナー・ブラックマンが演じたキャシー・ゲールは初代のヒロインで、黒革の上下とブーツに身を包んでいた。

丸形で小ぶりのレンズを使い、ほぼどんな色やフレームでも選べる眼鏡を1964年に売り出すと、これが大きな前進となった。

それは基本的にひどく嫌われていた、戦前の古いナショナル・ヘルス・タイプの眼鏡だった。ポイントはその眼鏡を別の文脈に持ちこみ、さまざまな形態で売り出したことだ。スタンダードなスタイルとはちがって、顔を二分するようなことはなく、すぐさまファッショナブルな眼鏡としてもてはやされるようになるが、当初はおもに女性たちがかけていた。その後、ジョン・レノンがかけはじめ、1967年には金属縁のこの眼鏡が、ヒッピーのシンボルのひとつとなった。

そうなるともう、やるべきことは大して残されていなかった。機能性が求められるせいで、眼鏡のデザインにはどうしても限界があり、デザイナーにできるのは、使える手をランダムに組み替えることぐらいしかなかったのだ。現にそうなり、以来、さまざまなスタイルが流行してきた——たとえばジム・マッギン*のピックウィック・グラスや、ピーター・フォンダ*が『イージー・ライダー』でかけていた薄い色のサングラスのように。とはいえ重要なのは今、眼鏡を買いに行くと、自分に合ったものを選べるようになったことだ。もはやもうおしまいだとか、隠れてしまいたいといった気持ちになったり、目が悪くないふりをして、雨のなかをあてどなくさまよったりす

*ジム・マッギン
James Roger McGuinn（1942〜）：ザ・バーズのリーダーとして、〈ミスター・タンブリン・マン〉（1965年）、〈霧の8マイル〉（1966年）ほかをヒットさせたアメリカのミュージシャン。ピクウィック・グラスは当時の彼がかけていた、小ぶりな長方形のサングラスのことだと思われる。

*ピーター・フォンダ
Peter Fonda（1940〜2019）アメリカの俳優。

る必要はなくなった。

だがこの時期におけるファッション改革のうち、美的な観点から見てもっとも満足度が高かったのは、ボンド・ストリートにあるハーバート・ジョンソンの帽子だった。初代のジョンソンはグレイザーという男と組んでエドワードⅦ世のために帽子をつくり、以来、このメーカーはずっと、グレイザー家が取り仕切ってきた。おそらくはそれが理由で、そこは一種の避難所となり、あまりにも波乱のないぬるま湯的な雰囲気のせいか、店に入るとまるで子宮に回帰しているような感じがした。セールスマンは聴罪司祭*のごとく客にアプローチし、取り出した帽子に軽くへこみをつくってから、うやうやしく頭にかぶせる。すべての動きが生真面目で安心感を抱かせ、店内にいる限り、すべての災厄から守られているような気分になれた。

60年代に入るまで、ハワード・ジョンソンもトリルビーやホンブルグといった、ほかとほとんど変わり映えのしない帽子を量産していた。だが戦争以降、帽子の売り上げは急落し、帽子業界は大変な苦境に陥ってしまう。帽子は大なり小なり、余計者——紳士の滅亡による犠牲者のひとつと見なされていた。

過去の時代、帽子には実際に社会的な機能があった。おそらくほかのどんな衣類にも増して、地位や階級のシンボルとなってきたのだ。シルクハットと山高帽、トリル

名優、ヘンリー・フォンダの息子で、1963年にデビュー。当初はまっとうな青年の役を演じていたが、次第に反体制的な色合いを強め、1969年にアメリカン・ニューシネマの傑作『イージー・ライダー』を盟友のデニス・ホッパーとつくり上げた（フォンダは制作と主演、ホッパーは監督と主演）。

＊聴罪司祭
カトリックの用語で、信者が犯した罪の告白を聞き、赦免を与える司祭のこと。

ビーとキャップ――それぞれがその着用者を、正確に位置づけていた。だが今や、そのすべてが死に絶えつつあった。帽子はもはや、世間体のために必要とされるものではなくなり、しかも現状ではそれ以外に、なにもセールス・ポイントがなかったのである。帽子はあつかいにくい上に汗臭く、しかもたいていは醜悪だった。雨を防ぐ役には立ってくれても、それだけでは力が足りず、大手の店は帽子売り場を完全に閉鎖するか、少なくとも縮小することを余儀なくされていた。

重苦しさが最高潮に達したこの時期、ハーバート・ジョンソンの下でデザインをはじめたのがティム・グレイザーだった。30がらみの彼は帽子業をはじめた初代グレイザーの孫で、一族の例に洩れず、帽子一色の人生を送っていた。

彼は現実主義者だった。トリルビーや山高帽、いや、それをいうなら帽子全般に、普段着としての未来がないことを理解していた。それでもなお彼は帽子を愛し、忠誠を誓った。すべての男性用衣類のなかで、もっとも劇的にして表現力豊かなアイテムになれる可能性があると信じ、実用品としてではなく、ファッションとして、〝娯楽の道具〟としての復活をもくろんだ。

彼はまず、それ以前はずっと労働者階級限定だったキャップをつくりはじめた。そして学生帽の流行を招き、それが今度はコーデュロイや革のキャップ、ヨット・キャップ、小型のヘルメットのようなキャップといったほかのスタイルにつながった。

そして1965年になると、帽子全般に目を向け、彼のいう〝ビッグ・ハット〟を生み出した。つば広で、クラウンが高く、かぶると頭に帆を立てたような感じになり、まるでクレオパトラのはしけが通りを下っているように見えた。

「スタイル・ウィークリー」誌に寄せた記事で、グレイザーはこの帽子を完璧に描写した。「〝ビッグ・ハット〟の魔力とはなにか？　それを見極めるためには、かぶってみる以外にない。すぐさま背筋が伸び、胸がふくらみ、肩が張ってくる。慣れない高さから世界を見下ろす格好になるはずだ。動きには新たな気品と威厳が備わる――マナーと騎士道精神の復活だ……」

彼の言葉通り、それはなんとも堂々とした帽子だった。60年代におけるすべての英国産デザインのなかで、唯一、どんな時代のスタイルと並べても遜色のない出来栄えを誇っていた。漆黒のバンドがついた白のフェルト、あるいは深緑色かクリーム色の、つばを巻き上げたヴェロアは、いつまでもなでさすったり、傾げたり、かぶって得意顔になったりしていられる――「高くて上品なクラウン、命があるように動く、ゆったりとしたつば。やわらかくて柔軟性のある、軽くたたいたり、引っぱったり、つまんだりするだけで、かぶった人物の個性や気分に合った形になる帽子。これこそ帽子のあるべき姿だ……」

とはいえことここにいたっても、まだひとつ欠点が残されていた。それは60年代の男性ファッション全般に共通する欠点だった。つまり、つば広の帽子をかぶって様になるのは、もともと見てくれのいい男に限られていたのだ。

この時期の男性ファッションは、ほぼ例外なく、新たな支配種族――〝スーパーマン〟の像に合わせて考案されていた。30年代の胸の厚さや筋肉質の肩に代わる、真新しい理想像が誕生し、そのいちばんの好例がミック・ジャガーだった。足は長くて細く、お尻も腹も胸もひっこみ、26インチのウエストに長い髪、そして美しくも醜くも見える顔。こうしたすべてに加えて、カリフォルニアの肌としなやかな身体。

もしそのすべてをクリアできたら、成功は約束されたようなものだ。だがもしできなかったら、大半のファッションは馬鹿みたいに見えてしまう。そして英国男性の大多数は、クリアすることができなかった。種族全体が太り気味で、肌は生白く、動きはぎごちなくて、顔に斑点があった。そんな彼らがピッチリしたズボンやウエストの細いシャツを買おうとしても、たいていは身体をつめこむことができなかった。そしてそれこそ、マスコミがさんざん囃し立ててきたにもかかわらず、全メンズウェア市場のなかで、ハイ・ファッションの占める割合がいまだに5パーセントを超えられない理由のひとつとなっているのだ。

14章 大衆向けファッション――変化はチェーン・ストアから

メイン・ストリートにとって、カーナビー・ストリート、そして男性ファッション全般の急激な台頭は決して喜ばしい事態ではなかった。彼らがショックを受けたといったら嘘になるだろう。嫌でもそうなってしまうことは、かなり前からはっきりしていたからだ。だがそれがいざ現実になると、業界は重い空気に包まれた。

上辺だけ進歩について語りながらファッション・ショーを開き、ゆっくり堂々めぐりをつづけるのと、ある朝、シースルーのオレンジの下着であふれ返った世界で目を覚まし、嫌でも行動を起こさざるを得なくなるのとでは、そもそもまったく別の話だからだ。

最初のうち、小売店はなにも変わっていないふりをした。壁際まで寝返りを打ち、頭を寝具でしっかりおおったまま、事態が平常にもどるのを待っていたのだ。カーナビー・ストリートのことを、彼らは素人くさくて安っぽいと考え――それはある面、当たっていた――早晩つぶれるにちがいないと踏んでいた。現にロンドンのある店の経営陣は、1962年になってもまだ、ジョン・スティーヴンが破産するのはいつかという賭けをつづけていたほどだ。

しかしながら時が過ぎても、カーナビー・ストリートの勢いは衰えを見せず、もはや待つのは得策でないと判断した彼らは、光の下に這い出してきた。〝すばらしき新世界〟と「メンズ・ウェア」誌は宣言し、車輪がゆっくりとまわりはじめた。

基本的な部分は今も、なにひとつ変わっていない。外部の人間からすると、カーナビー・ストリートは若き英国人男性の服装に対する態度が一新されはじめたこと、そして業界がティーンエイジャーの顧客を勝ち取り、自分たちのものにしていたければ、かなり大胆に変化する必要があることを意味していた。しかし当の業界からすると、これはまったくのナンセンスだった。とりあえずその市場は中年男性が大部分を占めていたため、カーナビー・ストリートに影響を受けるいわれもなかったのだ。売り上げにも落ちこみはいっさい見られず、その状況がつづく限り、現状維持でなんら問題はなかった。

いっぽうでこの業界は、ヒズ・クローズを空飛ぶ円盤のような奇現象と見なし、研究の対象にはなっても、参考にはならないと判断した。なにが起こっているのかを確認するために数人のスパイが送り出され、その結果、スティーヴンのアイデアがいくつか、メイン・ストリート用に水で薄めて模倣されるようになる。ラエルブルックやターンのようなシャツ・メーカーはカラー・シャツをつくり、スーツ・メーカーは軽量化をより意識しはじめた。まただれもが明るいパターンのネクタイを売り出した。

しかし本格的な再評価は、いっさいおこなわれなかった。あらゆるレヴェルで自分たちを見直し、新たなコースを定める代わりに、業界はただ、おざなりに動いてみせただけだった。

その背景には、10年以上にわたってメイン・ストリートを悩ませ、だがいまだに解決の糸口も見えていなかった3つの大きい問題があった。第一に、若き英国人男性の変わりゆく自己イメージ、スノビズムだけが好みを左右していた時代は終わったという事実にどう対処していくか。第二に、遅かれ早かれメンズウェアの主流となることは必至のカジュアルウェアをどう取りこんでいくか。そして第三に、化学繊維をどう用いるか。

1番目は単なる世代の問題だった。メジャーな小売店やメーカーを経営していたのは中年以上の男性ばかりだったため、自分たちでは変化を感じ取ることができず、それゆえ他人の変化にも気づかなかった。もっと年下の男たちが力のあるポジションに着かない限り、若者市場は理解できないままだったのだ。

それに比べると残るふたつは、さほど弁解の余地がなかった。カジュアルウェアの市場は、ティーンエイジャーと同じく――以上に、ではなかったにせよ――中年男性も対象としており、そこにはまだ無尽蔵の可能性があった。今世紀の終わりまでに、男性の余暇時間が労働時間を上まわる公算は大きく、その場合、カジュアルがもっとも重要な意味を持つようになるのは火を見るよりも明らかだった。だがなぜか、そうした長期開発的なアプローチは取られなかった。代わりにカジュアルとだらしなさはつねに、同義語でなければならないといわんばかりに、彼らはウールのカーディガンやだぶだぶのズボンの煙霧のなかで、シーズンごとに迷走していた。

化学繊維の場合も、問題はほぼ同一だった。経済性と時間節約の両面で、化学繊維がメンズウェアの将来を握っているのは、だれの目にもはっきりしていた――クリネックスのよう使える、プラスティックの衣服や使い捨ての衣服。だがだれもその見てくれをよくしようとはせず、メイン・ストリートの化繊は50年代と同様、見るからに安っぽくて質の劣る、マーガリンのメンズウェア版だった。

こうした障壁が残されている限り、業界は停滞を脱することができず、どれだけカラー・シャツを売ったり、〝すばらしき新世界〟と訴えかけたりしても、状況に大差はなかった。カーナビー・ストリートはその意味で、ほとんど直接的な影響をおよぼさなかったといっていい。

ひとつ、大きな例外だったのが、全国に45の支店を持つチェーン・ストアのオースティン・リードで、モンタギュー・バートンやヘップワースほどの大手ではなかったものの、決して無視できない存在だった。1967年、彼らはリージェント・ストリートの本店内で、キューというハイ・ファッションのブティックをスタートさせた。

改革に打って出た店はオースティン・リードがはじめてではなく——ただし規模は最大だった——60年代の初頭には、失地回復を目指すイエーガーが、〝ヤング・イエーガー〟なるスローガンの下、新たな広告キャンペーンをスタートさせていた。戦前の彼らは非常に重要な存在で、男性の衣服にファッション的なアプローチしていた大規模店はここぐらいしかなかったが、40年代、50年代は精彩を欠いていた。ところがそんな彼らがついに、力強く再登場を果たしたのだ。

彼らはエドワード・ロイドという一級品のデザイナーを発掘し、ひざ丈の槍騎兵《ランサー》風コート、仕立てのいいスリムなスーツや、タブカラーのシャツを売り出した。以後何年かは、ファッショナブルな中流階級の店というとここだった。セシル・ジーがつね

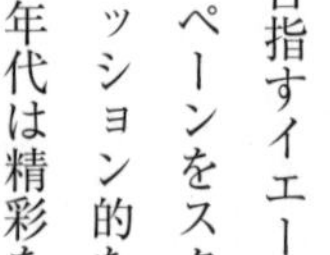

イエーガーの当時の広告。

に派手さをにおわせ、ジョン・マイケルがしばしばインスピレーションに欠けていたなかで、イエーガーは紛れもなくスマートだった。英国ファッション界でもっとも強い影響力を持つジャーナリストのジェフリー・アクイリーナ＝ロスにいわせると、〝先進的だが趣味のいい服装の極み〟となる。

だがそのあとがつづかなかった。彼らはエドワード・ロイドを手放し、じょじょに魅力が薄れていった。いずれにせよ彼らが、キューのような独立したハイ・ファッション売り場を設けることはなかった。最初にそれをやったのはピカデリーのシンプソンで、この店は1965年にトレンドという売り場をオープンした。するとリージェント・ストリートのレインコート専門店、アクアスキュータムが追随した。ハロッズとモス・ブラザーズも参入し、それぞれウェイ・インとワン・アップという売り場を設けた。

キューがこれらの売り場と一線を画し、より重要な意味を持っていたのは、全国的に展開されていたからだ。彼らは「タウン」誌のファッション担当編集者で、本物の宣教師的な熱意に燃えていた20代後半のコリン・ウッドヘッドという男を責任者として雇い入れた。彼の指揮下で、キューは大々的な成功を収めた。

ウッドヘッドとは祭りにわれを忘れるタイプではなく、カーナビー・ストリートの熱狂にも身を投じなかった。にもかかわらず、それまでのことを考えると、キューはずいぶんと先を行っていた。色に制限はなく、シャツのウエストは細く、ズボンの裾は広がっていた。独自のデザイナーを雇う代わりに、英国と大陸の両方から抜け目なくネタを仕入れ、実際には流行をリードしていなかったとしても、そのあとをぴったり追っていた。

スーツを30ポンド前後、シャツとズボンを7ポンドから10ポンドで売っていたキューは、ハイ・ファッションとカーナビー・ストリートの架け橋となり、いわゆる〝ヤング・エグゼクティヴ〟――20歳から40歳までの、金と虚栄心をふんだんに持ち合わせた、なにも抵抗せずに沈んでいくのはご免だと考える出世第一主義者たちを顧客にしていた。リージェント・ストリートの1号店から急成長を遂げて、イギリス全土に20以上の売り場を構えるまでになり、2年もするとオースティン・リードの売上高の約5分の1、すなわち800万ポンド以上を稼ぎ出していた。

この時点で、キューをほかの売り場から切り離す必要はなくなった。専用の売り場は閉鎖され、キューの商品は、一般的なオースティン・リードのラインに混じって売られるようになる。かくしてファッションと、通常の私服のあいだに区別はなくなった。といってこの一件が、大々的に報じられたわけではない。ファッション・ライターはロンドンにしか関心を持っていないからだ。だが全国に目を向けると、キューは非常に重要な役割を果たしてきた。5年前にこの事態を予測する人間がいたら、きっと笑い飛ばされていただろう。ファッションをカーディフやシェフィールドやバーミンガムに持ち出して、なんのご託もぬきで売り出し、しかも楽々と利益を上げる――そんなどう考えてもありえなかったことが、現実になったのだ。

ポイントはキューが際立って冴えていたことではない。現実はむしろ、その正反対だった――単に彼らは偏見がなかっただけだ。それ以上でもそれ以下でもない。だがある意味でそれが、キューをまたとないテスト・ケースにしている。もしそれが天才の所業だったとしたら、ただの異例なケースとして片づけられていただろう。だがそれがきわめて平凡な出自を持っていたおかげで、万人にメッセージが伝わったのだ。なにかの規則を破ったわけでも、だれかを触発したわけでもない。ぼく自身はいつも、少し味気ないと感じていたし、その気になればほかの店にも、できそうなことしかしていなかったのもたしかだ。そこにあったのはなによりも熱気と度胸、それに少しの才覚と、かなりの量の自信だった。そう、明らかにそれだけでよかったのだ。

その実績を目の当たりにしたほかの小売店も、今では同様のアプローチを取りはじめている。突然の目覚めがあったわけではないが――英国でそうなったことは一度もない——じょじょに事態は動きはじめた。マークス&スペンサーやホーンのような大手もこぞってファッショナブルなラインを売り出し、60年代が終わるころには、新たな柔軟性が急速に育まれていた。

ただし最大手のテーラー・チェーンだけは、いっさい動きを見せなかった。モンタギュー・バートンやヘップワース、アソシエイテッド・テイラー、アレグザンドレ——通りを歩いていて、こういった店の前を通りかかると、ウィンドウは依然として灰色一色で、おたがいと見分けがつかない。20年、30年、いや40年がすぎても、なにひとつ変わっていないように見えた。

彼らは英国の全メンズウェアの基盤だった。ここが変化しない限り、ほかのすべては準備段階にすぎない。だが70年代がスタートし、格下のメーカーがまわりでバタバタと倒れていくようになると、嫌でも変化せざるを得なくなった——それも早々に。

15章　カーナビー・ストリートの現在――観光客のほかにだれが買う？

カーナビー・ストリートにはふたつの道があった。スタート時は卑俗で雑だったが、本物のヴァイタリティがあり、もっとよくなれる可能性を秘めていた。ことによるとエネルギーを失うことなく、下品さだけを捨て去ることもできていたもしれない。そうなればその先には、きっと魅惑的な展開が待っていただろう。

だがそうはならなかった。代わりに最初の獲物を仕留めたとたん、そこには大量のハゲタカが群がり、1965年になると、輝きはすべて失われていた。

すでにモッズには見放され、それからの2年間で、当初はそこをキュートだと考え、だが今やありきたりとしか思わなくなっていたファッショナブルな人種全般からも見放されてしまう。残されたのはカモだけで、通りにはカンサスやウィスコンシンからやって来る中年の観光客や、とうの立ったオカマ、そして郊外や地方からやって来る年端のいかない子どもたち——スウィンギング・ロンドンを絶対的に信奉し、なるべくして犠牲者となる人々に狙いをつけた売春宿もどきの店が林立していた。

〝新しい〟は〝いい〟に等しく、インパクトと品質は同一というのが基本的な前提だった。どの店のドアからも音楽が轟音で鳴り響き、店員は客の腕をつかんで、女衒のように甘言を弄した。舗道にはカラフルな吹き流しが立てられ、服はさながらショーガールの口紅だった——燃えるようなオレンジ、チェリー・レッド、綿菓子のようなピンク。

その背後では、同じ脅し文句が何度も何度も、切迫感たっぷりにくり返されていた——「これを買えば流行に乗れる。買わなければ落伍者だ。流行遅れになったら死んだも同然だぞ」

商業的に見ると、このポリシーは大当たりだった。宣伝に乗せられる人間の数は、どんな時も乗せられない人間の数をはるかに上まわる。おかげでカーナビー・ストリートでは、5年の長きにわたってゴールドラッシュがつづいた。女子どものためのブティックや、ポスター店、おもちゃ屋、土産物屋がメンズウェアのあいだにつめこまれ、紅茶のトレイやTシャツやショッピング・バングに、無数のユニオンジャックが印刷されていた。

なにをやっても失敗はありえない感じだった。どれだけ雑な真似をしても、あるいはどれだけグロテスクなシャツをつくっても、売れ行きは落ちなかった。ラベルにカーナビー・ストリートと記されている限り、ハズレになる心配はなかった。むろん、少ないながら例外も存在し、なかでもとりわけ注目に値したのが、ほかならぬジョン・スティーヴンだった。

この何年か、彼はさんざん酷評を浴びてきた。ファッショナブルでなくなるのと同時に、彼を中傷したり、無能、詐欺師、あるいはその両方と呼んだりするのが気の効いたことになり、現にこの本のためにインタヴューした人々のなかでも、賞賛したのはマイケル・フィッシュだけだった。

それは不当な批判だった。たしかにスティーヴンは決して偉大なデザイナーではなく、周囲の水準が上がってくると、ヒズ・クローズはますます不格好で時代遅れに見えてきた。だが彼の貢献度は、依然として高いままだった。なんといっても彼は、はじまりだったのだ。もしスティーヴンがいなかったら、メンズウェアのブーム自体が起きなかっただろうし、起きたとしてもその形は異なっていただろう。その点だけでも彼に追随した人々は、それなりに忠誠を誓う義務があるはずだ。

ひとつ断言できるのは、彼が日和見主義者ではなかったことだ。根底の部分で彼は、本物のスコットランド人だった。禁欲的なタイプで、家に誇りを持ち、カーナビー・ストリートの足を引っぱるような真似をされると、大いに気分を害した。すべてをはじめた人間として、彼はそれを私有財産、自分自身の人生のシンボルと見なし、評判の悪い場所にならないように気を配った。その話をしているときの声は、ほとんど伝道者並みの熱意を帯び、ライヴァルたちがギミックに頼るようになればなるほど、当のスティーヴンは原則を重視した。

まず彼は、店を広げないことにした。ロンドンのあちこちに散らばっていた店を少しずつ売却し、1965年以降はよそ者を追い払う決意を固めて、カーナビー・ストリートに全力を注ぐようになる。20あった店をわずか8店に絞りこみ、大方の予想とはうらはらに、ヒズ・クローズが上場することもなかった。いずれにせよ店には100万ポンド相当の価値があったので、スティーヴンは決してしくじったわけではない。だがもしもっと金儲けに徹していたら、さらに裕福になれたのはまちがいのないところだろう。ゆっくりと、彼のパワーは薄れはじめた。マスコミに名前が出る機会が減り、別の人間がその後釜に座った。1970年になると、彼はほぼ歴史上の人物――別の時代のヒーローと化していた。

現在の彼は30代のなかばだが、それよりも10歳は若く見える。実際の話、その容色にいっさい衰えはなく、以前のようにジェイムズ・ディーンそっくりだ――同じようにくぼんだ頬、同じように完璧な頬骨。不良少年だった過去はないものの、それはリヴァプールやニューカッスルやグラスゴーにいる、ティーンエイジ・ギャングのグリースとにきびのなかで見かける顔だ――美しく、内に閉じこもり、必死でなにかを求めている。

彼は実業家タイプではない。ぼくが会ったときのスティーヴンは内気さのかたまりで、ほとんどささやきと変わらない声でしゃべり、大半の質問に答えようとしなかった。どう見てもインタヴュアーは、彼のアイドルではないらしい。「マスコミはまずこっちを持ち上げ、かと思うと今度は叩きつぶそうとする」と彼はいった。「一瞬だって油断がならない」

だが取り引きの場になると、どうやら性格が一変するようだ。決断が早く、かなり荒っぽい挙に出ることもある。だがその場を離れると、凍ったように動かなくなる。「親しい人間はいない」と彼。「両親と家族（彼には9人の兄弟姉妹がいる）は大好きだし、部下のことは信頼している。それをのぞくと、友人はひとりもいない」

心労が多くて神経をすり減らしていると語っていたが、たしかにその顔は見るからに不幸そうだった。彼は孤立し、不安定に見え、かりにノイローゼの百万長者に同情するのが自分の流儀に反しているとしても、心配せずにはいられなかった。なぜなら尽きせぬメランコリックな魅力があるし、なにしろすばらしい頬骨の持ち主だからだ。それを見れば彼が従業員たちから愛され、護られている理由もわかるだろう。

ヒズ・クローズ以外、彼にはなんのプランもない。「それはぼくの人生だ。それ以外のことはどうでもいい。

できれば結婚して家族を持ちたいけれど、ぼくの時間と頭はビジネスでいっぱいだからね。財産に興味はない。南フランスのヴィラを買ったり、ブライトンで家を買ったり、ロンドンで新しい家を買ったりするぐらいのことはするかもしれない。実をいうとウィンポール・ストリートで、一軒買ったばかりなんだ。でもぜんぜん関心が持てなくて。このまま引っ越さないかもしれないし――自分でもどうなるかわからない。

ぼくは騒々しいタイプじゃない。もし自分の時間が1週間持てたとしても、羽目を外すような真似はいっさいしないだろう。もしかするとコーンウォールに行って、砂浜に寝そべったり、ヨットに乗ったり、犬の散歩をしたりすることはあるかもしれない。行くのはぼくひとりだけど」といって彼は自宅の窓から、カーナビー・ストリートを見下ろした。それはすべて、彼がつくり出したものだった。「ぼくと犬がいればじゅうぶんだ」

ジョン・スティーヴンを別にすると、この通りでもっとも金を儲けたのは、ロード・ジョンという店をやっていたウォーレン・ゴールド*と、メイツというバイセクシャル、あるいはユニセクシャルなブティックのチェーンを所有していたアーヴィン・セラー*だ。彼らの服はカーナビー・ストリートのほかの店と大差がなかった。だがそれでいて大きな利益を上げた彼らは、たぶん、生粋のビジネスマンだったのだろう。1970年の時点でゴールドは8軒の店舗を構え、つい先ごろ、その数を30に増やす契約を結んだ。セラーはすでに30軒の店舗を構えている。

ぼくが話を聞いたとき、ゴールドは日焼けした中年太りの身体にシースルーのボディ・シャツをまとい、インタヴューには非協力的だった。「さっさとすませくれ、お若いの――わたしはとても多忙なんだ」

対照的にセラーは、かなり物腰がやわらかかった。33歳で、かつらをつけ、不安げな目をした彼は、カーナビー・ストリートの例に洩れず、ユダヤ人服飾業界の伝統に深く根ざした人物だ――たとえばウォーレン・ゴールドやスタンリー・アダムズ、そ

＊ウォーレン・ゴールド　Warren Allen Gold（1938～2015）　1963年に兄弟のハロルド、デイヴィッドとロード・ジョンをカーナビー・ストリートに開店。店はモッズに人気を博し、スモール・フェイセズやザ・フーのメンバー、そしてローリング・ストーンズのブライアン・ジョーンズも常連だった。80年代には兄弟でアウトレットの先駆けとなるビッグ・レッド・ビルディングをペチコート・レインにオープン。

＊アーヴィン・セラー　Irvine Sellar（1934～2017）　セラーのメイツはその後、英国で第2の規模を誇るファッション・チェーンとなり、1981年には90のショップを展開していた。だが彼はこのチェーンをまるごと売却、不動産開発業に転じ、2012年には87階建ての超高層ビル、ザ・シャードを竣工させた。

れにシドニー・ブレントのように。

お仲間たちの多くと同様、彼はイースト・エンドの市場の露店からスタートした。そうやって資金を貯めると、セント・オールバンズで最初の店を開き、すぐさまカーナビー・ストリートに進出した。現在の彼はニースデンに自前の工場と、ブライトンに別荘、そしてマーブル・アーチを見下ろす非常に広いフラットを所有している。あまり個性を感じさせないそのフラットには、彼が友人に金を払って選ばせたアンティークが所狭しと並んでいた。「ここはロンドンでも一二を争う広さのフラットなんです。なんなら証明してもいいですよ」と彼はいった。「部屋が10に、寝室が3つ、家具だけでもひと財産はするでしょう」

彼は決して悪党ではない。カーナビー・ストリートのやり手たちを、なにも知らない子どもたちから最後の1ペニーまで搾りとる、情け容赦のない吸血鬼のような人物として描き出せば、さぞかし気分がすっとすることだろう。だがセラーはそうではなかった。「わたしはビジネスをやっています」と彼。「そしてビジネスをやっていると、個人的な好みは利益の二の次にされますし、そうあってしかるべきなんです。批判する人たちもいますが、わたしは怪物じゃありません――ほかのみなさんと同じように、人間なんです。

運転手つきのロールスに乗っていますが、わたしにとって重要なのはお金じゃありません。達成感です。不安になることもありますが、そんな時は理性的に考えて、〝どうした、なにを心配することがある？　うまく波に乗ってるじゃないか〟と自分を納得させるんです。

わたしがこの仕事をしている理由はふたつだけです。ひとつは金を稼いで、会社を上場させること。そしてもうひとつは大衆に奉仕し、もっといい買いものをしてもらうことです。この言葉に嘘はありません」と彼はいった。「わたしはわたしなりに理想主義者なんです」

豪邸でぼくを迎えた彼はつまらなそうな顔をしていたが、当人は楽しんでいると主張した。「はきだめのような場所に行っても、いい仲間がいれば、最高の場所にできるんです。だれに訊いてもらってもいいですよ。いや、きっと驚くはずです。あいにくわたしはどこに行っても、ついついい商業的な側面に目を向けてしまいます。レストランやナイトクラブにいても、いつもビジネスとして成り立っているのか、どうすればもっと改善できるのかといったことを、頭のなかで計算してしまうんです。おかげでリラックスできなくて」

彼とウォーレン・ゴールドの両方が、最終的に大金持ちとなるのはほぼまちがいないだろう。しかし過去5年間、カーナビー・ストリートで最良の服を送り出してきたのは、シドニー・ブレントが共同で所有し、中心になって動かしてきたブティック・チェーンのテイク・シックスだった。

現在50歳のブレントは、人当たりのいい元ドラマーだ。60年代のはじめに彼は、ラムフォードでブレント&コリンズという店をやっていた。ここはおそらく、英国一のモッズ・ショップだった——安価でサイクルが速く、カーナビー・ストリートとちがって決して居丈高になるようなことはなかった。

1966年にウエストに進出し、カーナビー・ストリートとウォーダー・ストリートに店を開いた彼は、早々に競争相手たちから忌み嫌われる存在となる。第一に彼は、他店より値段を安くした、第二に身体にフィットし、バラバラにならない服をつくった。そして第三にひと月で、他店が1年で考えつく以上のアイデアを出した。

彼は根っからのデザイナーではなく、またそのふりをすることもなかった。彼の才能は仲介者としてのそれ——ハイ・ファッションのスタイルを採り入れ、その味わいを完全に損ねることなく、ティーンエイジ市場に移行させる手腕にあった。高級誌ご用達のデザイナーが生みだしたもの——摂政風ファッションだろうと、ジャンプ・スーツだろうと、サファリ・スーツだろうと、革のマキシコートだろうと、白いシルクのスーツだろうと――にまっ先に目をつけ、独自の味つけをした上で、スーツを15ポンド、そしてズボンやシャツをおよそ5ポンドで売り出すのは、いつも決まってブレントだった。ありていにいうと、彼は模倣者だった。それをいうならカーナビー・ストリート全体がずっとそうだったのだが、少なくとも彼はそれを安価で、しかもうまくやってのけた。

実のところ彼こそが、この通り全体の本来あるべき姿だった――独創性はないが鋭敏で、おためごかしには縁がなく、天性の勘と行動力にあふれた通り。だがそうはならなかった。

一部には彼のおかげで、また一部には底を打ってしまったせいで、ここ2年のカーナビー・ストリートはいくぶん改善のきざしを見せている。ブレントに射すくめられて、以前ほど値段をふっかけなくなり、つくりにも多少は注意を払うようになってきたのだ。また全体的にも落ち着きが出てきた。

これは避けようのない事態だった。8年におよぶノンストップの狂騒状態をへて、それなりに疲れが見えてきたのである。どんなに暴力的な色使い、あるいは乱暴なつくり方をしても、それはもはや二番煎じでしかなく、手づまりになったブティックは、あともどりをしはじめた。観光客相手のバーレスクは以前通りにつづけるいっぽうで、少しずつ落ち着いたタッチをミックスしはじめたのだ。ピンクに混じってグレーの3ピース・スーツ、そして蛍光性の暗赤色に混じって淡いブルーのシャツが売られるようになった。といってこうした新保守主義的な衣類が、道化師のスーツよりもずっとつくりがよくなっていたわけではない。だがそれは明らかに、静けさと、高品質というイメージづくりに向かう動きだった。「やっと」とアダムを所有するスタンリー・アダムスは語っている。「正気でいることのよさがわかったんだ」

同時にカーナビー・ストリートの店主たちは多角化に向けて多大な努力を払い、キングス・ロードや、もっと旧弊で生真面目なイメージのあるオックスフォード・ストリートにも市場を広げはじめた。つまりかりにカーナビー本体が潰れるようなことがあっても、そのショックはしっかり和らげられるわけだ。

しかしながら当面のところ、当たり年はつづいていた。すでにあちこちの脇道や横丁に触手を伸ばしていたおかげで、そこはひとつの自給自足的なエリアとなる。2階建ての商業ビルが建てられ、交通が遮断され、しかもなお拡張の計画が進められていた。「ここは掛け値なしに青天井だ」とアーヴィン・セラーは語り、大ロンドン評議会*も彼と同感らしかった。

ではだれがそこで買いものをしていたのだろう？　だれも知らなかった。収益のか

＊大ロンドン評議会
１９６５年に設立され、１９８６年に廃止された大ロンドン地区の地方自治体。消防、救急、ゴミ処理などの広域サーヴィスを担当していた。

なりの部分はアメリカ人、そして観光客全般から得られていたものの、毎年、数百万人がカーナビー・ストリートを通り、そこで数百万ポンドを費やしていた。となるとその全員が、観光客だったとは思えない。「彼らは何者なのか？」とジョン・スティーヴンは、お得意の悲しげな笑みを浮かべていった。「これといって特徴のない人々だ。ミスター・アヴェレージだよ」

いずれ、崩壊の日が訪れるのはまちがいない。何か月か先、あるいは何年か先に、人々はそこに飽きて、その正体を見破るだろう。そうなったら崩壊は、かなり急激に進むはずだ。だがそうなってもまだ、そこが完全に終わってしまうわけではない。「通り自体は廃れても」とスティーヴンはいった。「そこではじまった変化がなくなるわけじゃないんだ」

1968年のカーナビー・ストリート。（photo by H. Grobe）

16章　ヒッピー――カルトからビジネスへ

1965年の冬に、マイケル・レイニーはハング・オン・ユーというショップをオープンした。**これはダンディズム最後の抵抗であると同時に、ヒッピーという不可思議な存在の最初の予兆だった。**

おりしもアドリブの時代は末期を迎え、まだ熱は完全に冷め切っていなかったものの、雰囲気は如実に変化し、よりリラックスしたムードが漂っていた。

これはかなりの部分、ドラッグの影響だった。マリファナをやっていると、すべての規則が窮屈に思えてくる。そのなかにはもちろん、服装の規則もふくまれていた。ディテールは些末で、あれこれ準備するのが嘘くさく思え、代わってより重要視されたのがゆったり感と流れ、つまり自由の感覚だった。

1964年の時点ですでに、クリストファー・ギブズはウォーダー・ストリートのスター・シャツがつくった**最初の花柄シャツ**をオーダーしており、それ以降、色やパターンに制約はなくなった。仕立てのいいスーツは依然として健在だったものの、奇矯さに押されて次第に影が薄くなっていた。モロッコのローブ、インドのシルク、箪笥のなかから発掘されたエドワード朝、ヴィクトリア朝時代の遺物、露店から救い出された小さなお宝たち。完璧主義や伝統的な趣味のよさは拒絶された。今や、想像力がなによりも優先され、ハング・オン・ユーも服屋というより、オモチャ屋に近い感触だった――お楽しみの宮殿。「マイケル・レイニーに会っても」とギブズは語る。「とてもメンズウェアを売っている人間には見えなかった」

店はチェルシーにあり、光輝いていた。高くはないがケチくさくもなく、その幅の広さと創意は目が眩むほどで、当のレイニーだけでなく、友人たちもアイデアを提供していた――ギブズ、タラ・ブラウン、ジュリアン・オームズビー＝ゴア。ハイカットでウエストが細く、裾の広がったダブルのスーツが定番で、これはアイスクリーム・リネンやピスタチオ・グリーン、あるいは――これがもっとも多かったが――黒か栗色、ないしはチョコレート色のヴェルヴェット製だった。ほかに派手なプリントのシャツや、巨大なバックルつきのベルト、そしてチェルシー・コブラーのニーハイ・ブーツなどがあった。

店の雰囲気は、とてもひとことではいいあらわせなかった。まず質感や全体的なエレガンスの部分では、過去（クリストファー・ギブズのいう「より典雅な時代の思い出」）の香りを強く感じさせた。ヴェルヴェットやサテンや流れるようなライン――これらはダンディズムの流れを汲んでいたが、ブランメルのそれに比べると禁欲的な色合いは薄く、より官能的で広々とした感覚と、心の平安、そして時間のゆとりを感じさせた。

そのいっぽうで大胆不遜なレイニーのデザインは、そうした雰囲気の対極に位置していた。色を使えるだけ使い、制約とは無縁なデザインは、完全に60年代の産物だった。かくしてそこにはおのずと分裂症的なムードが生じ、ハング・オン・ユーで買いものをしていると、自分の身体にオスカー・ワイルドとキャプテン・マーヴェル*が同居しているような気分になってきた。

それが功を奏した。過去と現在と未来、影響と相互影響をもとに、レイニーは完全に彼のものとしかいいようのない、個人的なモンタージュをつくり上げたのだ。私見では彼こそ、**英国メンズウェア界が生んだ最高に独創的なデザイナー**だった。

彼には多大な影響力があった。まず彼はこの仕事を楽しんでいたが、それはほかの店主たちからすると、考えられないことだった。生き残るためには利益を出さなけれ

＊キャプテン・マーヴェル　アメコミのスーパーヒーロー。一時はスーパーマンをしのぐ人気を誇ったが、著作権の問題で廃刊を余儀なくされ、その後、〝シャザム〟の名で復活を遂げた。

ばならず、そのせいで彼らはいたって真剣に仕事をとらえ、節約し、おたがいと競り合っていた。だがレイニーに金の心配はなく、おかげでなんの苦労もなく、リラックスすることができた。服はゲームで、自分の身体を覆ったり、あたためたりする道具ではなく、もっぱらご機嫌な気分になるためのお飾りだと感じられる店は、ハング・オン・ユーがはじめてだった。

この点で彼は、それ以降の**〝ポップ〟ファッションすべてに共通するアプローチ**を生み出した——ミスター・フィッシュ、ミスター・フリーダム、グラニー・テイクス・ア・トリップ、デイヴィッド・エリオット、さらにはザンドラ・ローズ*やティア・ポーター*のような婦人服デザイナーにも共通するアプローチを。「シーン全体が、彼からはじまっている」とマイケル・フィッシュは語る。「彼が楽しむ服《ファン・クローズ》をスタートさせたんだ」

もしレイニーがヒッピーの前史的存在だったとするなら、先駆けはほかにもいた。このころになると徒党が組まれ、エネルギーが集中しはじめていた。ローリング・ストーンズのようなポップ・グループが、ピート・ブラウン*やエイドリアン・アンリのようなビート族を過去の存在として葬り去り、雑多なヤク中やフォーク・ソンガーや仏教徒たちが、こぞって同じ方向を目指していたが、この動きにはまだ名前がついて

＊ザンドラ・ローズ
Zandra Rhodes（１９４０〜）　英国のファッションおよびテキスタイル・デザイナー。尖鋭的なデザインで知られ、70年代にはクイーンのステージ衣裳も手がけた。

＊ティア・ポーター
Dorothea Noelle Naomi "Thea" Porter（１９２７〜２０００）　英国のアーティスト、ファッション・デザイナー。中東で生まれ育ち、その地の豪奢なインテリアやファッションをロンドンに持ち込んだ。

いなかった。ボブ・ディランのレコードがかけられ、〝兄弟の絆《ブラザーフッド》〟、〝愛《ラヴ》〟、〝涅槃《ニルヴァーナ》〟といった言葉がさかんに口にされた。だが〝ヒッピー〟という言葉はまだ散発的に使われるだけで、とくに決まった形はなかった。それがやって来るのは1966年夏のことで、サンフランシスコからの直送だった。

ビート族と同様、英国のヒッピーはアメリカからの完全な輸入品で、やはりビート族と同様、基本的には中流階級のムーヴメントだった。ビートから美術学校、長髪へとつづく流れは、本質的には同一で、動機も変わっていなかった。

新しかったのはその穏やかさだ。ドラッグと深く結びつき、そのドラッグは当初、非常に沈静効果が強かったため、先行者たちに比べると、ヒッピーはずっとおとなしかった。地下室で夜通しすごしたり、詩やパンフレットを次々に送り出したりする必要はない。かわりにじっと笑みをたたえ、「あんたはビューティフルだ、ビューティフルだよ」というだけでよかった。

これが非常に現実的な魅力となり、翌年にかけての多幸感は並大抵ではなかった。ヒッピーはまだマスコミに見つかっておらず、商業化もされていなかった。ヒット・パレードやカーナビー・ストリートに登場することも、ロンドン・パレイディアムで前説のネタにされることもなかった。それは当面のあいだ、〝ヒップ〟なエリートの

＊ピート・ブラウン
Pete Brown（1940〜）
英国の詩人、作詞家、シンガー。リヴァプールの詩壇で活動したのち、詩と音楽を融合させたザ・ファースト・リアル・ポエトリー・バンドを結成。それをきっかけにクリームと知り合い、〈ホワイト・ルーム〉、〈サンシャイン・ラヴ〉といったヒット曲の作詞を手がけた。また自身でもバタード・オーナメンツ、ピブロクト！といったグループを率い、数枚のアルバムをリリースしている。

新たな呼称となった〃アンダーグラウンド〃に潜伏していた。人数もせいぜい1万人から2万人程度で、全員が熱心な信奉者だった。

その中心地がUFOという、トテナム・コート・ロードの地下室にあったクラブで、週末ごとにオールナイトのセッションが開かれ、新たな世界が切り開かれていた。

そんな夜は〃ヒッピー〃の理想がすべて現実になった。最初期のヘイト・アシュベリー*がおそらくそうだったように、まったく新規のスタートを切っているような感覚にあふれ、すべての興奮が真新しかった。地下《アンダーグラウンド》には音楽と優しさと歓び、そして無尽蔵のマリファナがあり、すべてが共有され、だれもが自分たちは〃ひとつ〃だと感じていた。

そこにはアドリブの貴族階級も加わっていたが、なにかがちがっていた。排他的なグループも、トップ・チーム専用のテーブルもない。有名人でも媚びへつらわれることはなく、逆にちょっかいを出されることもなかった。全体の一部として取りこまれ、そこには中流階級の不満分子が、全タイプ網羅されていた——美術学生、ヒップスター、ボヘミアン。破壊分子タイプは矛を収め、ヒステリーは静まり、冷笑家の敵意は薄れ、外野にいた人々も参加した。はずれ者を装いつつも、そのブーツで判別可能だった麻薬取締班までが、やがては飲みこまれていった。「だれもが〃スーパースター〃

＊ヘイト・アシュベリー　サンフランシスコ中心部の一区画。60年代後半にヒッピー・カルチャーの中心地として世界的に注目を集めた。

だ」とポール・マッカートニーは語り、多くの人々が彼の言葉を信じた。

衣服の出所はさまざまだった。金があればハング・オン・ユーか、ダンディやグラニー・テイクス・ア・トリップのような新しい〝ヒップ〟なブティックで買いものをするし、金がなければ手に入るもので間に合わせる――ポートベロ・ロードで売っている軍服、東洋から輸入された民族衣装、市場に並んでいるあれやこれやに、鈴や、もちろんビーズも忘れてはならない。

理想は、過剰であることだった。すべてが意図的に度を超して誇張された。衣服の組み合わせは偶然に任され、色と色が激しくぶつかり合った。半ダースのスカーフに、それよりもまだ多いネックレス、肩まで伸ばした長髪が風になびき、目指すのは高貴なるごたまぜ状態。

旧来の意味でいうと、これは趣味のよさの否定だった。「ぼくは趣味のよさなんて退屈だし、意味がないと思っている」とシンガーのドノヴァンは語っている。「その言葉を聞くと、白髪まじりのくたびれた老いぼれを思い出すんだ」

実のところ、これは彼の無知ぶりを露呈した発言だった。趣味のよさは絶対的なものではなく、つねに進化している。ある時代に趣味のよかったものが、次の時代には腐っているかもしれないのだ。その言葉はこのところずっと、正統性や礼儀正しさの同義語として使われてきた。だがそれは誤りだ。**趣味のよさを定義するとしたら、〝その時代時代で〟有効なものということになるだろう。**そして60年代において、白いシャツや灰色のだぶだぶなスーツは、まちがいなくその定義に当てはまらなかった。だがローリング・ストーンズは当てはまったし、ハング・オン・ユーもそうだった。にもかかわらず、誤解であろうとなかろうと、趣味のよさを否定したファッションは〝ヒップ〟な文化の大きな部分を占めていた。その意味するところは規則を破り、自由になることだった。「ぼくらはなんの制約も受け入れない」とマーク・パーマーは、典型的なコメントを残している。「自分たち自身の頭を吹き飛ばしたいんだ」

もしヒッピーの衣服に中心地があったとするなら、それはヴァーノン・ランバートとエイドリアン・エマートンが所有する、チェルシー・アンティーク・マーケットの露店だった。

エマートンとランバートはともにパークスでウェイターをしていたが、その仕事に飽き飽きし、1962年にメリルボーンのアンティーク・スーパーマーケットで、アール・ヌーヴォーの露店を開業した。しばらくはおとなしく商売をつづけていたが、ある時、20年代につくられたシャネル・ドレスのコレクションに行き当たると、これがアンティークに勝る興奮を彼らにもたらした。

チェルシーに居を移した彼らは、衣服を専門にしはじめた。摂政時代のコートやヴィクトリア朝時代のフロックコート、アール・ヌーヴォーのショールを買い上げたり、古い水夫のズボンを染め直し、結果的に英国ではもっとも早い時期にフレア・ジーンズをつくり出したり、がらくた屋で発掘した古いクラヴァットのようなハンパ物を売り出したり……。店ではまだレズリー・ホーンビーと名乗っていたツイッギー*が学校の休みに働き、ポップ・グループが群れ集まるようになった。

やがてヒッピーがスタートすると、彼らはいよいよ本領を発揮した。1966年から67年にかけての冬、インドに向かったヴァーノン・ランバートは山ほどのシルクを持ち帰ってきた。ふたりは天井から2000個の鈴を吊るして、仕事に取りかかった――フリルがついたレースのシャツ、洗濯機で手染めした3つボタンのTシャツ、きつめに仕上げた復員服、インドのシルクを使ったシャツやスカーフやドレス、20年代の幅広ネクタイ、そしてさらに多くのフロックコートを売りまくったのだ。ネクタイやコートが売り切れると、代わりに軍服を売り、その間もずっと、ビーズは数十キロ単位で売れつづけていた。

「派手な服は」とランバートは語る。「どんなものでも即座に売り切れた」そして週末になると、まるでチャリング・クロス・ロードがよみがえったかのように、階段の

*ツイッギー
Twiggy（1949〜）〝スウィンギング・ロンドン〟を象徴する英国のモデルで、日本でも〝ミニの女王〟と呼ばれ、数々のCMに出演するなど高い人気を誇った。70年代以降は女優に転じ、ケン・ラッセル監督の『ボーイフレンド』ほかに出演。

下までずっと列ができた。「みんなが駆けこんできて、手に触れたものを、身体に合っていようがいまいがおかまいなしにつかみ取っていた」ビートルズがそこで買いものをした。ローリング・ストーンズやザ・フー、そしてブリジット・バルドーも。「イヴ・サン＝ローランまでがわざわざ立ち寄って、ねぎらいの言葉をかけてくれたんだ。『お若いの、このままいい仕事をつづけてくれ』とね。すごくうれしかった」

派手な服装のブームが拡大をつづけると、そのおこぼれにあずかろうとする者もあらわれた。かくしてヒッピー・ショップが一気に林立し、そうした店はカーナビー・ストリートほど搾取をむき出しにしていなかったものの、上辺でしか関っていない点は共通していた。お祭り騒ぎを楽しんでいたのはまちがいない。だが利益も同様に重要だった。

これは新しい流れだった。まだ〝アンダーグラウンド〟に留まっていた第一波の時期、ヒッピーはお手本たるヘイト・アシュベリーの教義を遵守していた。新しい世界が生まれたと信じる改宗者たちは、ただひたすら酩酊《ストーン》し、永遠の恍惚郷に入ることだけを願っていたのだ。だれもそれを利用して、金持ちになろうなどとは考えていなかった――少なくとも当座のうちは。だがその動きが広まり、浮上しはじめると、嫌でもビジネスと無縁ではいられなくなった。

ポートベロ・ロードでアイ・ウォズ・ロード・キチナーズ・ヴァレットを経営するイアン・フィスクは、軍服で大当たりを取った。これだけの時間がたつと、最初に売ったのがだれだったのかを正確に特定するのはむずかしい。だが売り出しにもっとも力を入れたのはまちがいなくフィスクで、これが大受けに受けたのだ。安価で派手やかな軍服は、帝国の失われた栄光に冷笑を浴びせている点で、エスタブリッシュに対する強烈な侮辱ともなっていた。つまりなんともそそられるアイテムだっただけで、その人気はアンダーグラウンドを超え、ティーンエイジャーのあいだでも〝最高《ファヴ・》にイカす《レイヴ》〟と大人気を博した。じきにロード・キチナーはソーホーとチェルシーにも支店を構え、この事実がとうとう世間に知れわたった——愛は金になる。

いっぽうカーナビー・ストリートをほんの少しはずれたキングスリー・ストリートでは、クレプトメイニア*というビーズと鈴の専門店が初のえせヒッピーご用達ブティックとなる。そこでは普通のオフィス・ボーイが、お金さえ支払えば、自分でなにも考えなくても、頭からつま先まで〝常習者《ヘッド》〟らしい格好で固めることができた。

今はミスター・フリーダムを経営するトミー・ロバーツ*が、共同所有者のひとりだった。「もともとはがらくた屋でね。といっても通り一遍のがらくたじゃない。たとえば古い写真とか、ポスターとか、ヴィクトリア朝時代の服のように、いつもどんぴ

*クレプトメイニア
〝盗癖〟を意味する。

*トミー・ロバーツ
Tomy Roberts（1942〜2012）英国のファッション・デザイナー、企業家。ミスター・フリーダム（第20章参照）は1972年に閉店するが、その後、コヴェント・ガーデンにシティ・ライツ・スタジオ開店。デイヴィッド・ボウイが常連となり、彼のアルバム《ピンナップス》（1976年）の衣裳はこの店が提供した。80年代以降はおもに家具やアンティークの販売に従事。

しゃりのがらくただった。もう、山ほどいろんなことをしたよ。笑えるようなことならなんでも。ヒッピーがスタートしたときは、マスクをつけて接客をしていた。それはジョークだったけど、シニカルになっていたわけじゃない。青い玉虫色のスーツを着て愛のビーズを売り、その実、片手をレジに突っこんでいたタイプとはちがう。もうちょっと誠実だったというかね」

ヒッピーはおもに夏のスポーツだった。裸足とシルクと普遍的な仲間意識――それらは決して、英国の1月に合わせてつくり出されたわけではない。しかしとりあえず1967年夏には、〝フラワー・パワー〟の台頭とともに、そのすべてに火がついた。**ここにきてようやくヒッピーはカルトではなくなり、産業となった。**「サンフランシスコに行くつもりなら、かならず髪に花をさしてほしい」とスコット・マッケンジー*がうたうと、この曲は世界中でナンバー1ヒットとなり、無数のカヴァー・ヴァージョンや模倣作を生んだ。ヒッピーはマスコミから〝フラワー・チルドレン〟と呼ばれるようになり、彼らは花柄のシャツや、花柄のジャケットや、花柄のネクタイを身にまとった。

このムーヴメントはタマネギ、あるいは幾層にも重なったロシアの人形のような構造になった。中心は依然としてアンダーグラウンドで、完全にのめりこんでいる。そ

＊スコット・マッケンジー Scott McKenzie（1939〜2012）フラワー・パワーの讃歌〈花のサンフランシスコ〉を世界的にヒットさせたアメリカのシンガー。ソングライターとしては、ビーチ・ボーイズが1986年に放った全米ナンバー1ヒット〈ココモ〉を共作している。

のまわりに仕事はつづけ、だが暗くなるとヒッピー化するアマチュアや週末組がいる。そしてそのまわりにカナビスと称してハシシをためし、《サージェント・ペパー》を聴くブルジョアのシンパやファッションのフォロワー、そしてさらにそのまわりに、レコード会社やポスター会社、服飾会社、マスコミがいるというわけだ。

テッズやモッズの前例からすると、これは不吉な兆候だった。こうして分散し、希釈されることで、ヒッピーも同じ道をたどり、情熱と勢いを失って、早晩、崩壊するおそれがあった。

しかしいったん弾みがつくと、浪費に歯止めをかけることはできなかった。また当面のあいだはまず、どう転がってもワクワクできた。ヒッピーは地下に潜伏する少数の共謀者から、ビューティフルな人種の集団へと成長を遂げた。「以前はキングス・ロードを歩いていて、ちょっとでもいいなと思える格好をしている人間がいたら、それはほぼまちがいなく古くからの友人だった」とクリストファー・ギブズは語る。「でもこのころになるとその手の人間がいたるところにいた。まったくの赤の他人がね。だからどうしても乗っ取られているような気分は否めなかった」

同時に、ヒッピーのスタイルは変化していた。8月にビートルズがマハリシ・マヘーシュ・ヨーギー*に教えを受けていることを公表すると、一夜にしてだれもが瞑想を

＊マハリシ・マヘーシュ・ヨーギー　Maharishi Mahesh Yogi（1918～2008）　ヒンドゥー教をもとにした超越瞑想運動の創始者。ビートルズとの関係でいちやく注目を浴び、彼らとの縁が切れても数多くの支持者を集めつづけた。

しはじめた。軍服は忘れ去られ、東洋のシンボルが、かつてないほどもてはやされるようになった――線香、シルクのスカーフやカフタン、襟のないハイ・ボタンのインド風ジャケット、そしてラヴィ・シャンカール*。

ビートルズが本領を発揮するようになったのもこの時期だ。《サージェント・ペパー》はヒッピーのアンセムだった。また彼らがマハリシと組んだことで、ドラッグは一時的（実際には約2週間）に流行遅れとなり、その動きや発言のひとつひとつが、ひとつの布告として受け止められた。服装の分野でも、彼らはとてつもないパワーを持っていた。

ブライアン・エプスタインの支配を脱したここ2年の彼らは、ひとりひとりが独自のスタイルを築き上げている。ジョージ・ハリスンはローブで身を包み、キリストのような髭を生やした。ジョン・レノンは金属縁のおばあちゃん眼鏡《グラニー・グラセズ》で学者のような雰囲気を漂わせ、リンゴ・スターはサテンやシルクの虹でお道化てみせた。だがいちばんの着こなしを見せたのはポール・マッカートニーで、そのスタイルはかなり英国的だった。だれもが窮屈な服でみずからを磔刑に処していた時期も、彼は着心地にこだわっていた――もも幅の広いズボン、セーター、開襟シャツ。服装には無頓着で、がんばっているそぶりはいっさい見せなかったものの、彼には生来の優雅さがあり、な

＊ラヴィ・シャンカール
Ravi Shankar（1920〜2012） ジョージ・ハリスンが師事したシタールの名手。ノラ・ジョーンズの父親でもある。

にもしなければしないほど完璧に見えた。少なくとも彼は、ひとつの有力なファッションをスタートさせた。フェアアイルのセーターをリヴァイヴァルさせたのだ。

しかしながら服装面で、この時期もっとも影響力が大きかったのは、野蛮人のような外見をした黒人ギタリストのジミ・ヘンドリクッスだった。野放図に伸ばした髪は、もじゃもじゃのこんがらがった後光《ハロー》と化した。彼はだれも見たことがないほどキツいクラッシュト・ヴェルヴェットのズボンをはき、ほぼ腰のあたりまで開いたこの上なく幻覚に近い模様のシャツを着て、呪術医よろしくメダルやお守りを首につるした。そしてこうしたすべてを通じて、あらゆる層のヒッピーにピンと来るスタイルを提供したのである。

民族衣装もポップ・スターのコピーと並んで、ヒッピー・ファッションの大きなネタ元となった。ひとつ、またひとつと世界のあらゆる国々が標的とされ、カラカラになるまで搾りとられた。神秘的な東洋以外にも、コサックのシャツ、ペルーの手編みハンドバッグ、モロッコのローブやラグやクッション。そしてなによりもまず、カウボーイとインディアンがいた――バックスキンのジャケットにフリンジに革のハイブーツ、ナヴァホ族のビーズ。

こうしたすべてにマスコミは、必要以上に好色な目と見せかけの怒りで反応し、治安判事や警官や保守党からの立候補を目指す人々もそれに倣った。ありとあらゆる証拠を無視して、彼らはヒッピーを暴力的で淫《みだ》らなムーヴメントと見なし、新聞界《フリート・ストリート》と結託して、モッズやロッカーズに代わるスケープゴート——ティーンエイジャーによる非道な行為の責任をすべて押しつけられる、万能の口実として使いはじめた。

たとえこのすべてが意図的な歪曲だったとしても、そのおかげで劇的な夏が迎えられたのは、まちがいのない事実だった。ヒッピーは通りで無作為に足止めされ、ドラッグの捜査を受けたり、手荒に脅されたり、決して珍しい話ではないが、クスリをこっそり仕込まれたりした。ミック・ジャガーとキース・リチャードは裁判にかけられ、問答無用で投獄される者もいた。闘いは激化した。マリファナの合法化を訴える集会が開かれ、警察との衝突があった。英国は警察国家だという主張がはじめて信憑性を持ちはじめ、マリファナは殉教を意味するようになった。

これは奇跡的な事態だった。中流階級の反逆分子は、長年のあいだ、迫害に雄々しく立ち向かいたいと願っていた。するとそれがとうとう、現実になったのだ。

だれもが逮捕されることを夢見た。一度、ぼくがワールズ・エンドである家のドアを叩いたとき、なかにいた全員が浮かべた表情はありありと覚えている。たしかに半分は恐怖に染まっていた。だがもう半分は〝ぼくは悪い子でした。おねしょをしてしまったんです。ああ、とうとう見つかってしまったんですね〃といわんばかりの、マゾヒスティックな憧れをにじませていたのである。

こうしたロマンティックな磔刑願望は、次第に彼らの外見にも反映されはじめた。ヒッピーがイエス・キリストのような見てくれになってきたのだ。髪をさらに長く伸ばし、髭はより聖書の登場人物らしく、目つきや手つきは聖人じみてきた。ローブに身を包んでマハリシと坐禅を組むビートルズは天界に目を向け、以来、ヒッピーの中心的な自己イメージは、虐げられた人々のそれとなった――わたしは誤解され、裏切られてきた。だが責めるつもりはない。

夏がつづいている限り、万事問題はなかった。こんなにも中身のつまった季節ははじめてだった。フラワー・パワーと瞑想、《サージェント・ペパー》、ストーンズ狩りとマリファナ合法化集会、ニューメキシコとインド――組み合わせはそれこそ無限に思えた。

だが秋が訪れ、雨と寒さの季節になると、勢いは一気に衰えた。アンダーグラウンドの内部でもいくつかのいさかいが起こり、対立する派閥が生まれた――浮動層の場合は単に、気が抜けてしまっただけだったが、マスコミの攻撃はあまりにも激しく、ヒステリックで容赦がなかった。儀式の新鮮味はすでになくなり、最高の輝きを放っていた時期から半年とたたずに、退屈になっていた。

映画『俺たちに明日はない』*の公開とともにギャング・ファッションのブームが起きると、鈴とビーズは片隅に追いやられ、クレプトメイニアにはダブルのスーツ、コンビの靴と、手塗りのネクタイがいくつも列をなすようになった。どれも終戦直後のチャリング・クロス・ロードに酷似したスタイルで、それなりに売れはしたものの、あの夏の代わりにはならなかった。それは宗教でも、新しいはじまりでもなかった。あくまでもファッションにすぎず、画竜点睛を欠いていた。

翌年の夏が来ると、ちょっとした揺りもどしが起こり、新しいスタイル、新しいゲーム、新しい音楽が登場した。だがもはや、陶酔感はなかった。けっきょくのところ、世界は変わらなかったのだ。

*俺たちに明日はない　Bonnie and Clyde　ボニーとクライドという実在した男女ギャングの破滅的な人生を描いた1967年のアメリカ映画。フェイ・ダナウェイとウォーレン・ベイティが主演し、どちらもアカデミー賞にノミネートされた。

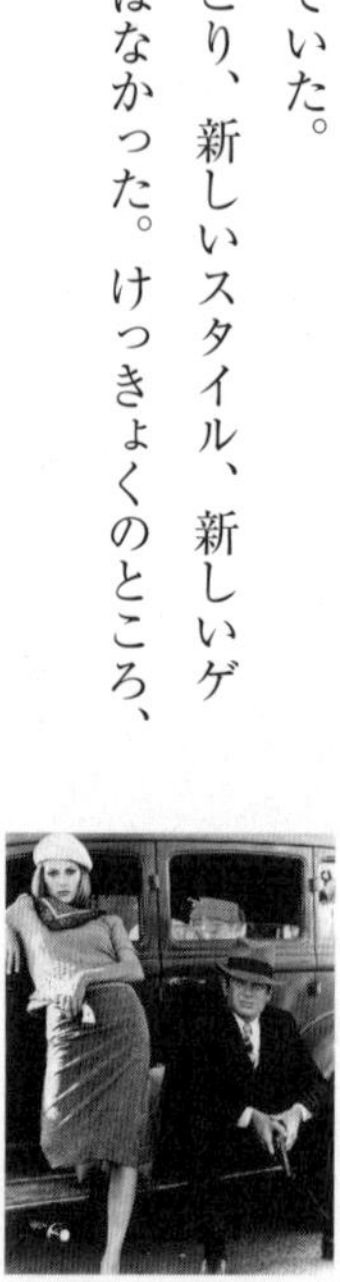

ジミ・ヘンドリックスはけばけばしいシャツ、アフロヘア、ハイヒールのブーツ、派手な指輪、タリスマンなどでポップ・ヒッピー・スタイルを極めた。

17章　デザイナー――現代のまじない師たち

50年代、メンズウェアの世界で〝デザイン〟という言葉はさほど使われていなかった。服のスタイルは小売店かメーカーが決めていたが、いずれの場合もあまりにも地味で、わざわざ呼び名をつけるほどのことでもなかったのだ。

するとヘップワースがハーディ・エイミスと契約を結び、状況は一変する。不安と胸騒ぎに襲われた業界は、なんにでも使える新しい魔法のレシピを求めるようになるが、そのニーズにぴったりはまって見えたのがデザイナーだった。

そこでイメージされるデザイナーは、山のようにアイデアを持っていた。衰えを感じたときに連絡を取れば、ピンク色のヴォイル*のシャツを着たデザイナーが、わきにポートフォリオを抱えてやって来る。彼がフェルト・ペンを何度かサラサラ走らせば、ビジネスは大々的に改革され、利益は倍増し、新聞の日曜版に自分の写真が掲載され

*ヴォイル　ドレスやカーテンや使う薄手の織物。

るという寸法だ。問題は一夜にして消え去ってしまう。

それは甘美な夢だった。そしてデザイナーは60年代を通じて、英雄的な存在だった。〝ファッション・デザイン〟という言葉自体が、複雑で推測もつかないさまざまな技巧を覆い隠しているような、ある種の神秘性を獲得した。コンサルタントやコーディネーターと同じように、デザイナーは当世版のまじない師となった。

メンズウェアの業界では、客と売り手の両方がともに、自分たちで考える能力を失っていた。でなければこんな馬鹿げた信仰がはびこることもなかっただろう。150年間を惰性ですごしてきたあげく、突然、敏速さと柔軟性を求められた業界は、そのノウハウを忘れ去っていた。休眠状態をへて無力化し、それがゆえにデザイナーを司祭、あるいはセラピストに相当する存在として、祭り上げる必要に迫られていたのだ――胆力を取りもどす助けとするために。

しかしながら長期的に見ると、デザイナーには単なるセラピスト以上の役割が求められた。自分の存在価値を証明するためには、絶えず具体的かつ独創的なアイデアを考え出す必要があり、現に婦人服の分野では、数人のデザイナーがまさしくその通りのことをやっていた――マリー・クワント、オジー・クラーク*、フォール&タフィン*……。

＊オジー・クラーク
Ossie Clark（1942～）英国のファッション・デザイナー。〝スウィンギング・ロンドン〟期の彼のデザインは、現在も高く評価されている。

＊フォール&タフィン
いずれも王立美術院の卒業生だったマリオン・フォール（Marion Foale〔1939～〕）とサリー・タフィン（Sally Tuffin〔1938～〕）のコンビ。自分たちの店舗を構えるほかにも、アメリカの小売チェーン、J.C.ペニーのデザインを手がけていた。

だがメンズウェアの分野では、それがどうにもうまくいかなかったようだ。ハーディ・エイミスを別にすると、英国のデザイナーは大半がどこからともなく、なんの実績もない状態で登場し、そうした経験の少なさを、特別な才能で埋め合わせることもできなかった。ただデザインをしたいという気持ちがあるだけで、それもあまりうまくやれないケースが多かった。エリック・ジョイが語るように、その半分が束になっても、まだクリストファー・ギブズには敵わなかったのだ――ただの客でしかなかった男に。

当初、彼らの多くは王立美術院の男性ファッション学科出身だった。ヘップワースが出資した2万ポンドの助成金をもとに、1964年からスタートし、1968年まではジェイニー・アイアンサイド*が取り仕切っていた学科である。

アイアンサイド教授はすばらしかった。50年代のなかば以降、女性ファッションの新しい波を彼女以上にあと押ししてきた人物はほぼいない。男性向けの学科が失敗に終わったのも、決して全部が全部、彼女のせいとはいえなかった。

だが生徒がひどかった。むろんなかには例外もいたが、総じてちんけなくせにプライドだけは高く、小ぎれいなデザイン画を描くことはできても、オープンな市場で生き残っていく力や才覚に欠けていた。彼らが開く毎年恒例のファッション・ショーは、

＊ジェイニー・アイアンサイド
Janey Ironside（1919～1979） 英国ではじめてファッションをアカデミックに取り上げた人物のひとり。1956年から1968年にかけて、王立美術院でファッションの教授を務めた。

メンズウェアのカレンダーのなかでもとりわけわざとらしく、とりわけ独りよがりなイヴェントという評判を取った。

卒業すると、学位を手にした連中がどっと世間にあふれ出し、デザインという考えそのものに目を瞠目していたメーカーは当初、そんな彼らを次々に雇い入れた。だがその結果はほぼま例外なく悲惨だった。学生たちはメイン・ストリートにおける商売の実像を——感情的な面でも、経済的な面でも——まったく知らず、知ろうとする気持ちもなかった。代わりにいい格好をして、ちまちました画を描くことだけを望んでいた。

彼らはリーズやブラッドフォードで業界の現場に出たが、王立美術院という象牙の塔にいた身からすると、そこでの仕事はがさつで退屈だった。といって合わせようとする気はまったくなく、以前と同様、浮き世離れしたデザインを描きつづけた。遅かれ早かれ、彼らは馘首される定めにあった。

といって彼らだけが悪かったわけではない。メーカーもメーカーで、多くの場合は想像力に乏しく、うしろ向きだった。デザイナーのこともマスコットあつかいし、ステータス・シンボルとしては認めていても、真剣に受け止めていなかった。

その好例がサイモン・フォスターだ。ジェイニー・アイアンサイドは彼のことを、自分が教えたなかではいちばんの生徒だったと考えている。大学を出ると、フォスターはマンチェスターのエミュー・ウールズで職を得た。だが長くは持たなかった。「向こうにはなんのアイデアもなかった」と彼はいう。「ぼくのことも冗談だと思っていたんだ。ぼくのデザインはいっこうに採用されなくて、フラストレーションだけがたまっていた。ぼくもわざととんでもない格好をしてね。上から下までちりめんの服を着たり、鎖をつけたり、髪を染めたり……とにかく、驚かせてやりたかったからさ。叩きのめされたことも3回ある」

当然のように彼は、フラストレーションを感じていた。だが多くのデザイナーが示した傲慢さのせいで、心からの同情は寄せにくくなっていた。「工場にいたのは全員が70歳以上の、どこにでもいるような年寄りで、メンズウェアという言葉を聞いたとたん、死んでしまいそうな感じがした」とやはり王立美術院を卒業し、現在はスターリング・クーパーというロンドンの卸売業者で働くアントニー・プライス*は語る。「風変わりなことはなにひとつできない。お年寄りの女性たちがつくってくれないからだ。工場に出向いて説得しても、聞く耳を持ってくれなかった。このか細い指を使って、実際に教えようとしたんだ。80歳のばあさんや、化けものじみた老人たちに。でもとにかく聞いてくれなかった」

*アントニー・プライス
Antony Price（1945〜）
英国のファッション・デザイナー。ミュージシャンとのコラボレーションが多く、とくにブライアン・フェリー（ロキシー・ミュージック）の衣裳全般を手がけたことで知られている。

こうした惨状のなかで、3人のデザイナー――トム・ギルビー*、ピーター・ゴールディング*、エドワード・ロイド――だけは一貫してプロでありつづけ、全員が成功を収めてきた。ちなみに王立美術院の出身者はひとりもいない。

このなかではギルビーがもっとも優秀で、もっとも影響力が強く、もっとも脚光を浴びている。並はずれたエネルギーと熱心さを持ち合わせた現在30歳の彼は、まずジョン・マイケルのデザイナーとして成功し、その後、1966年に独自のコンサルタント会社を設立した。当初はおもにドイツで成功を収めていたが、その2年後、サックヴィル・ストリートにショーケース代わりの店を開いてからは、自国でもますますもてはやされるようになっている。

この国で**サファリ・スーツを流行らせた張本人**は彼だ。ボタン留めのポケットが4つとベルトがついた、軽量のトロピカル・ジャケットである。ほかにも彼はジャンプスーツと――こちらはさほど当たらなかったが――男性用のショート・パンツを大々的に売り出した。

彼の最大の強味は熱意だった。大半のデザイナーは、どんな時もほぼ同じラインに沿って仕事をするきらいがあるため、あるスタイルを最初にスタートさせた人物を特定するのはほぼ不可能に近くなっている。通常はイヴ・サンローランが始祖とされる

*トム・ギルビー Tom Gilbey（1935～2017）英国のファッション・デザイナー。おもにサヴィル・ロウで活躍し、そのデザインはロンドン博物館やヴィクトリア&アルバート博物館に展示されている。

*ピーター・ゴールディング Peter Golding 史上初の〝デザイナー・ジーンズ〟を生み出した英国のファッション・デザイナー。ロック関係のアートワークのコレクターとしても名高い。

サファリ・スーツにしても、4人の英国人デザイナーが、トム・ギルビーより早く手がけたと主張しているほどだ。その4人はおそらく、本当のことを話している——だがそれは本筋ではない。肝心なのはだれがそれをいちばんうまくつくり、いちばんの確信を持って押したのかということで、ギルビーが頭角をあらわしたのも、この部分でのことだった。

こだわりの強い彼は、そのせいで業界から嫌われている。メンズウェアの世界にいる人間の大半がひそかにうんざりし、ギルビーが声を荒らげて熱くなるとたびに当惑させられているのだ。「すごくいい男だけど」と競争相手のひとりはぼくにいった。「ときどき怖くなるんだ」

たしかにギルビーはこだわりが強い。髪を短く刈り、とても几帳面で、暴力に魅せられているが、それについては相応の葛藤も覚え（「ナチのファッションは最低だけどワクワクする」）、服について話しはじめると、顔がピンボール・マシンのように明るくなる。手はひらひらと動き、言葉がスケートのように軽快に滑りだす、

暴力への憧憬は、ほとんど軍隊のような潔癖さと力強さを感じさせる彼のデザインにもあらわれている——かたくなで厳格で、幾何学的に正確なそのラインに。「シンプルさが好きなんです」と彼は語る。「トロピカルなカーキから、ナチの褐色シャツ

まで、ぼくはあらゆるユニフォームに影響を受けています——男らしいところや、すばらしくきびきびした感じが大好きで。

なによりもまず、ぼくはアメリカのキャンパス・ファッションに影響を受けています。とてもクラシックな感じがして、なにひとつ欠点がない。ジーンズ、Tシャツ、ズック靴、バミューダパンツ——なにひとつ無駄がなくて、完璧です。ゴテゴテした服は好きじゃありません。ぼくが好きなのは力強くて、清潔で、活動的な服なんです」

どう説明すればいいのだろう？　文字にして読むと、この発言はいくぶん薄気味悪く思えるかもしれない。だが実際に会って話を聞いていると、嫌でもその勢いに巻きこまれてしまう。その激しい没入ぶりに、こちらも思わず引きこまれてしまうのだ。現にこの本でインタヴューした相手のなかで、服づくりに全人生を捧げる人物が実在することを心の底から納得させてくれたのは彼だけだった。

それに比べるとピーター・ゴールディングは地味な存在だ。長髪でひげ面の彼は、おそろしく人当たりのいい若者で、ギルビーのような情熱や力強さはさほど持ち合わせていない。

１９６４年以来、フリーランスで活動しているゴールディングは、これまでにインターナショナル・ウール・セクレタリアート、アーテックス、そしてドービー・レインコートほか数多くのメーカーにデザイン（ドービーでは賞を獲得）を提供してきたが、本人の願いとはうらはらに、世界的に名の通った存在にはなっていない。英国、ドイツ、アメリカではまちがいなく成功を収めているものの、今のところはまだ決定打を出せていないのだ。

〝魂のための設計〟が彼のうたい文句で、これは本人の弁によると、ハイ・ファッションのスタイルと工業的なテクニックの融合を意味する。「もし今の工業力を適切に用いれば、今まで以上に魂のこもった服がつくれるはずなんです」と彼はいう。「でもこれまでのところは、劣悪な服をつくる目的でしか用いられていません。ぼくが変えたいのはそこです。なぜって大量生産の服以外に、みんながみんなビューティフルになれる方法はありませんからね。絶対に実現させないと——工業が文化に取って代わるんですよ。ポスターがアートに取って代わったように。サヴィル・ロウはサヴィル・ロウで悪くありませんが、もはや過去の存在ですし、ぼくは過去に興味がありません。ぼくがなりたいのは〝スターの服をつくるピーター・ゴールディング〟じゃなくて〝工業主義者のピーター・ゴールディング〟なんです」

こうした考えのもとに生まれたデザインは、お察しの通り、簡素で無骨だ。トム・

ギルビーと同様、ゴールディングは無用の装飾を嫌い、パッドや裏地や余分なディテールなど、とにかく実用性と縁のないものはことごとく省いてしまう。彼の服はどこかよそよそしく、手ざわりもさほどよくないが、しっかりとしていて清潔で、とりあえず文句のつけようがない——ときめきはいっさい感じさせないが。

いずれも理想家であるギルビーやゴールディングと対照的に、エドワード・ロイドはいっさい幻想を抱いていない。知的で人好きのする彼は40代なかばのウェールズ人で、デザインはただの仕事だと考えている。

デザインをはじめたのは1963年、イエーガーのメンズウェア担当となったときのことで、セールスマン上がりだった彼は、なんの準備もせず、なんの訓練も受けていない状態でファッションに手を染めた。その意味で彼は、ぼくが少し前に触れた、男性ファッションとデザインは基本的に相容れない考えだったという事実のまたとない実例といえるだろう。ロイドがデザイナーになれた理由は、つまるところ、たったひとつしかない。つまり本人とイエーガーが、そう宣言したということなのだが、にもかかわらず彼は、上々の成果を上げてきた。青いサージのダブル・スーツや、胸の両側をボタンで留めるひざ丈のランサーコートを生み出し、彼が在任していた1年半のあいだ、イエーガーは掛け値なしにすばらしかった。

1965年、ロイドは独自のコンサルタント会社を開業し、以来、オースティン・リード、コートールズ、チェスター・バリーほか数多くのメーカーにデザインを提供している。彼はずっと大成功を収めてきた。ロイドには色彩とバランスの微妙な感覚がある。だがなにより重要なのは、自分の限界を受け入れていることだ——「わたしはことさら独創的になりたいとは思わない。ただプロでいたいだけだ。革命を起こすことに興味はない。趣味のよさには興味があるが」

おそらくはこれが理由だろう、メーカーももっと若くて破天荒なデザイナーより、彼を好むきらいがある。ロイドに任せれば、少なくとも現実離れしたデザインになる心配はない。「自分で個人的に気に入ったデザインは絶対に売れない」と彼は語る。「わたしはほかのだれかが世に問う9か月前に、サファリ・スーツをデザインした。だがメーカー側は使おうとしなかった。そして先方の視点で見ると、正しいのは彼らのほうだった——市場にはまだ、受け入れる準備ができていなかったのさ」

大金が稼げるアメリカでの成功を、大半のデザイナーが躍起になって追い求めるなかで、ロイドは英国だけでじゅうぶんな成果を上げ、とくにあくせくはしていない。「いずれにせよ、アメリカのメーカーは食傷気味だ」と彼はいう。「大物のデザイナーが向こうで何人も失敗してしまったせいで、もうたくさんだという気持ちになっている。そもそも世界的なデザイナーというのが、神話なわけでね——わたしの知る限り、ふたつ以上の国で本格的な成功を収めたデザイナーはいない。世界的に名前の売れているデザイナーはいるかもしれないが、だとしても実際にデザインをしているのは本人じゃないんだ。

デザイナー信仰にもそろそろ終わりが来ていると思う。メーカーは、デザイナーがこれだと考えるものは絶対に売れないという結論に達しているが、その考えは正しい——いいものは売れないんだよ」

もしロイドが正しいとするなら、そしてぼくはそう確信しているのだが、この先には暗澹たる日々が待ち受けている。現状でも英国のデザイナーは、ハーディ・エイミスやカルダンが売り出されたときのような、大規模な契約を結べなくて苦労している。ある程度の金を稼いだり、生き残ったりすることはできても、大当たりは取れていない。トム・ギルビーのようにとりわけ優秀で、とりわけ脚光を浴びているデザイナーですら、たとえばピエール・カルダンやセルッティと肩を並べるビッグ・ネームにはなっていないし、それを取り逃がしているうちに、彼らが真のブレイクを果たす可能性は年々低くなっている。

その理由は60年代が幕を閉じ、すぐに格好よくなれそうな雰囲気が薄れてくるにつれて、業界が目覚めてきたことだ。じょじょに彼らは、本気で問題を解決したければ、自分たち自身で答えを見つけ出す以外にない、と考えるようになった。経営サイドがやる気を出さず、時代遅れなままでいる限りは、いくら指をパチンと鳴らし、足でリズムを取る学生を引きこんだところで、なんの助けにもならないのだ。デザイナーの登用はつまるところ牛歩戦術でしかなく、エドワード・ロイドのいう通り、基本的に彼らは金食い虫なのだから。

大手の企業は、すでに刷新に乗り出している。ついにメーカーと巨大な小売店チェーンが、あらゆるレヴェルで自分たちのビジネスを改革する覚悟を決めて、新たな血を導入しはじめたのだ。この先の数年間で、彼らはすべてをアップデートしようとするだろう——販売のテクニック、広告、イメージ、布地の使用法、そしてもちろん、デザインも。

かりにこの取り組みが成功し、業界が実際に、自分たち自身で対処する術を取りもどしたとしたら、大半のデザイナーは不要になってしまうだろう。ほんものの独創性とほんもののプロ意識を持った、選りすぐり中の選りすぐりが活躍する余地はまだ残されているかもしれない。だがクラッシュト・ヴェルヴェットのジーンズとデザイン画の時代は、もう終わりに近づいている。

18章 英国のヒッピー――アメリカ人による模倣の模倣

フラワー・パワーはうまく行かなかったことが、じょじょに明らかになってきた。

つづいているあいだは至福の時だったものの、1968年の夏になると、実効性は皆無だったことに、だれもが否応なく気づかされてしまう。この、みんながほかのみんなを愛するという課題の達成までには、当初の予想よりもはるかに時間がかかることが明らかになったのだ。

挫折したヒッピー・ムーヴメントは、まったく異なるアプローチを取る、ふたつのグループに枝分かれした――政治活動を本格化させた少数派と、すべての努力を放棄し、〝愛〟を広める代わりに、ひとりで静かにハイになることを選んだ多数派である。

政治に走ったグループのメンバーは大部分が学生で――リーダーの場合には元学生――さまざまな派閥に別れていがみ合い、毛沢東主義者はトロツキー主義者、そしてイッピーは従来のマルクス主義者と口論していた。しかしこうした内部抗争をよそに、共通の服装が登場する。それはフラワー・パワーやサイケデリアどころか、ビート族よりも古い、ボヘミアンや30年代にさかのぼるものだった。1968年のデモに出陣する新左翼は、アントニー・ポウエルの『ミュージック・オブ・タイム』のなかで、スペイン内戦に馳せ参じるエリッヂを思わせる出で立ちだった――「……ほうぼうに伸びた髭と、徹底的にみすぼらしい雰囲気」

基本的なユニフォームは、アノラックとTシャツに、汚れたスニーカーかランニング・シューズ。ジーンズはなんの支えもなくても立つぐらいになるまで洗濯されず、伸び放題の髭と髪の毛はオリノコ川の再暗部なみにこんがらがっている。それよりも派手な装いは、例外なく軽薄で女々しく、不適切だとされた――現実逃避だと。

ノンポリのヒッピーはそこまで極端ではなかったが、服装はやはり、むさ苦しくなった。フラワー・パワーのつくりこんだ派手やかさは、意図的なだらしなさに取って代わられた。個々の衣類は相変わらず、突飛だったかもしれない――けばけばしいヴェルヴェットのズボンや、パッチワークのブーツ、刺繍の入ったシープスキンのジャケットは、依然として健在だった――が、スタイルの基本はビート族と同様、演出された放浪者っぽさだった。

こうなった理由は着飾るという行為が、それだけではインパクトを持ち得なくなってしまったことだ。中流階級や中年層にもどしどし採り入れられるようになった結果、プロテストとしての意義を、完全に失ってしまったのである。男性ファッションはもはや、奇異なものではなくなった。広告マンも花柄のシャツやぴっちりしたズボンを着用し、店のセールスマンは髪を肩まで伸ばし、TV局にはあらゆる種類の奇抜な服装をした人々が群れ集まっていた。端的にいうと、ショッキングになることがブルジョアの手すさびと化してしまったのだ。

ブルジョア的ではなかったのが、薄汚さだった。ビート族の場合と同様、貧しさをよそうことが、ヒッピーの最後の逃げ場――自分たちの独立を主張し、趣味のよさだけでなく、ファッションにも異議を唱える唯一の手立てとなった。そのために努力をするのは無益な行為でクールじゃなく、きれいに装おうとする人間は、退行していると見なされた。なぜなら真の美しさは、装飾品ではなく、その人自身のなかにあるものだからだ。かくして障碍のある人や、さまざまな病気を抱える人々に近寄り、「なあ、あんたはビューティフルだぜ」と誠実そうな口調で話しかけるのがひとつの流行となった。

そうした衣服ともいえない衣服は、チェルシー・アンティーク・マーケットから派生し、けれどもずっと安っぽくて薄汚れたケンジントン・マーケットが出所だった。露店のなかには1、2軒、たとえばコッケル&ジョンソンのように、本気でファッションの未来を担うつもりでいた野心的な店もあったものの、大多数は常習者のカップルが経営する一時しのぎの店で、何か月かは順調でも、そのうちに飽きるか、金づまりになるかして廃業していた。「つまり、オレたちがやってるのは店じゃないんだなぁ」とそのうちのひとりはぼくに告げた。「単純にやりたいことをやってるだけでぇ。みんなの頭をひとつにしてるというかぁ」

彼らが売っていたのは色落ちさせたリーバイスやタイ・ダイ（結び目をつくったシャツを染料に漬けて、さまざまなパターン——ただのシミや斑点にしか見えないことも多い——を生み出す手法）のTシャツ、さらにはポンチョ、スエードやバックスキンのフリンジ、刺繍飾りのハンドバッグ、そして女性向けには百姓娘ふうのロング・ドレスといった民族衣装もどきの品々だった。１９７０年になると、カントリー*・ロックの流行とともに、カントリー&ウエスタンのファッションが注目を浴びた——カウボーイ・シャツ、レザーのジーンズ、ズボンの外に出して履くハイ・ブーツ。

民族衣装的なファッションのねらいは、以前と同様、おもに着ている人間の出自——根本にある中流階級くささを隠蔽することだった。労働者階級の似たような集

＊カントリー・ロック
60年代末にアメリカで生まれたロックの1ジャンル。カントリー、フォーク、ブルーグラスの要素を採り入れたサウンドが特徴で、代表的なアーティストはフライング・ブリトー・ブラザーズ、ポコ、ニッティ・グリッティ・ダート・バンドほか。

団に比べ、ヒッピーの服装からつねに中途半端な感じがぬぐえなかったのは、もしかするとそれが理由なのかもしれない。テッズであれ、ロッカーズであれ、グリーザーであれ、モッズ、あるいはスキンヘッドであれ、前者がつねに現実の状況とアイデンティティを表現していたのに対し、ヒッピーはアメリカ人による模倣の模倣という、ジェスチャー・ゲームにすぎなかったのだ。労働者階級のユニフォームは、〝これがオレだ〟という宣言だった。だがヒッピーは〝こうなりたい〟という願望だったのである。

こうしたカモフラージュには当然のように限界があり、1970年になると、このムーヴメントからは腐敗臭が漂いはじめた。1969年には大成功を収めたワイト島ポップ・フェスティヴァルも、1970年には大しくじりと化してしまう――ムーヴメントの象徴ともいうべきジミ・ヘンドリックスは死亡した。アンダーグラウンドは夢から醒め、無数の分派に枝分かれして、おたがいのことを日和ったと非難していた。今やどんな時にも増して、スタイルの変革が求められていた。

かくして10年の年月をへて、中流階級の反逆度をあらわすグラフは、ほぼスタート時に逆もどりした。1960年の数字は、ほぼゼロに近かった。それがボブ・ディランやストーンズの台頭、そして長髪やドラッグの登場を受けてゆっくりと上昇し、フラワー・パワーの夏にはピークに達したものの、瞑想や初のポップ・フェスティヴァル経由で、じょじょに低下しはじめた。そして今、ほぼ自己完結してしまったのだ。

むろん、完全にというわけではない。10年前のヒッピー的な世界は、わずか数人の変わり種と学生しかいないちっぽけなものだった――それが今では広大で精緻なネットワークを形成し、ひとつの世代のかなりな部分を占める、秘密結社的な存在となっているのだ。

だがスケールのちがいを別にすると、感触はかなり似ている。1960年と同様、そこにはなにかが起こってほしいという、いら立ちとおぼつかなさの感覚があった。パット・ホビー*の言葉を借りるとこうなる。「水を沸かしておけ――それも大量に」

＊パット・ホビー
F・スコット・フィッツジェラルドの連作短編集『パット・ホビー物語』の主人公。49歳になる落ち目の映画脚本家で、作者自身をモデルにしている。

ヒッピーは民族衣装的なファッションで、根本にある中流階級くささを隠蔽しようとした。労働者階級のユニフォームは、“これがオレだ”という宣言だったのに対して、ヒッピーは〝こうなりたい〟という願望だったのである。

19章　キングス・ロード——洗練された観光地として

そもそもキングス・ロードのファッションは、ほぼ完全に女性一色だった。マリー・クワントが1955年にバザーをオープンすると、彼女の成功に乗じるように、ライヴァルが群れをなして登場した。この通りは有名になり、あらゆる種類の軽薄さで満たされ、世界のあちこちから観光客が、そのナンセンスなご馳走を味見する目的でやって来た。その間ずっと、特筆に値するメンズ・ショップは1軒だけだった——ジョン・マイケルである。そこに埋めなければならない隙間があることは、だれの目にもはっきりしており、60年代のなかばからは、カーナビー・ストリートの店が流入しはじめた。

テイク・シックスやメイツやスタンリー・アダムズのような企業は、市場の拡大を図るために、ティーンエイジャーだけでなく20代もターゲットにしはじめた。「キングス・ロード?」とアーヴィン・セラーは語っている。「その正体はえせインテリのかたまりだ。だが金は使ってくれるし、その点だけは認めよう」

ニューカマーとして、これらの店はたっぷり宣伝された。キングス・ロードがほかの分野でファッショナブルだったからという理由だけで、そこにあるものは自動的に、すべて世界を飛びまわるジェット族ご用達と見なされ、ブティックはことごとく、第一級の国際的な*ペプシ人で戸口まですしづめになっているものと思われていた。

だが実状はちがっていた——この通りの名前を高め、アレテューサやアルヴァロズ、そしてクオラムやバザーといった店からあふれ出してた常連たちが、そこで男性の服を買うことはめったになかったのだ。買いものをするのはブレイズかミスター・フィッシュ、あるいはパリやローマに旅行したときで、少数の例外をのぞくと、この界隈の店は最初から勘定に入っていなかった。

その代わりにキングス・ロードのメンズウェアは、利益の大半を海外からの観光客や旅行者、即席の格好よさを求める人々から得ていた。かくしてここは急ごしらえのカーナビー・ストリート——より洗練され、より高価だが、刺激度は似たり寄ったりの中流階級ヴァージョンとなる。カーナビー・ストリートとちがって、仕事が丁寧だったのはまちがいない。そのため評判は悪くなかったが、そのぶん面白味には欠け

*原注:「コーク、それは本物だ (It's The Real Thing Coke)」という広告から思いついたぼくの造語で、ファッション先行型のえせヒッピー・ムーヴメントを意味する。

た。ひとことでいうと、退屈だったのだ。

そこにはカーナビー・ストリートからの流入組以外にも、主にロック・グループやその取り巻き連を顧客とする、一連のポップ／ヒッピー・ショップがあった。全体的に見ると、これらの店のほうが活気があったものの、プロ意識は薄かった――ジミ・ヘンドリックスがステージ衣裳の多くを購入していた、今は亡きダンディ。ミスター・フリーダム。ローブとフリンジが売りのフォービドゥン・フルート。そしてヴェルヴェットのズボンとブーツで有名な（あるいは悪名高い）グラニー・テイクス・ア・トリップ。長年、アメリカをツアーするミュージシャンのご用達となってきたこの店を、ピート・タウンゼンドは「ロンドンにおけるごちゃまぜな服装の本拠地」と呼んだ。

しかしながら60年代の末になると、大半の店が息切れを起こしていた。閉店した店、別の場所に移転した店、単純に人気のなくなった店……。同時に本体のキングス・ロードも衰えを見せはじめた。かつては最先端を行っていたレストランやクラブも、今や過去の存在と見なされ、１９７０年になると、中心地はもっと安く遊べ、観光汚染の度合いも少ないフラム・ロードに移っていた。

フラムはほとんど週ごとに、新しいご馳走を出してきた。カフェやレストラン、アンティーク・ショップ、そしてもちろん洋服屋――ディーン・ロジャーズとピエロ・ディ・モンツィ、ハリウッドとマイケル・チョウのユニヴァーサル・ウィットネス。どれもとくにすばらしかったわけではない。だが新しくて活気があり、ファッション・ページはこれらの店の話題で持ちきりだった。

ではキングス・ロードはというと、こちらはそれまで以上に観光客志向になり、大半のブティックは姿を消した。しかしその残骸のなかに、ひとつだけお勧めの店が残されていた――ずっとそこで営業してきたジャスト・メンである。

ここは1964年に、チャールズ・シュラーという南アフリカ出身のバレエ・ダンサーがスタートさせた店だ。シュラーはジョン・マイケルで働いていた経験があり、この店も基本的にはジョン・マイケルのアップデート版だった――オリジナルよりもよくなっていたし、よりスピーディーで、イメージも豊かだったものの、ほぼ同一の中流階級市場をターゲットにしていたのだ。シュラーの表現を借りると〝冒険心のある、趣味がいい男〟となる。

この店の最大の強味は模倣する力、注文服の外見と感触を、既製服の値段で実現させる能力だった。その意味では、最高に出来がいい模造宝石に近い。ただしこの店の場合は、オリジナルの出来を上まわることもしばしばだった――それもブレイズやミスター・フィッシュの半分の値段で。たとえばここは仕立てのいいフレア・パンツを、はじめて売り出した店だった。ウエストの細いシャツを売り出すのも早く（「うちが売る前は、シャツというと腕がついたテントのことだった」）、レザーのマキシコート、細身のシェトランド・セーター、そしてすっきりしたドゴニールツイードを使ったズボンやスーツに関しても、最初に売った店ではなかったかもしれないが、ほぼベストといっていい商品を揃えていた。

この店の服は、厳密にいうと安くなかった——スーツは40ポンド前後、ズボンは7ポンドから10ポンド、そしてコートは最高で80ポンドと、既製服にしては高価だった。しかしほぼまちがいなくそれだけの価値はあり、なかには2倍の値段で売られているものもあることを思うと、とたんに大安売りのように思えてきた。

店はここ2年ほど、いくぶん勢いを失っている。そもそもファッション自体がひどく刹那的なものなので、5年以上フル回転をつづけていられる店やデザイナーは、きわめて数が限られるのだ。シュラー自身も、ペースが落ちてきたことを認めている。

「今はなにもかもキツくなっている感じで、前よりずっとがんばらないと駄目なんだ」

しかしたとえ退潮期にあっても、ジャスト・メンにはそれを埋め合わせる大きな魅力がある。いまだにここで買えるズボンほど、仕立てのいいズボンはない。ここにはゴードン・エトルズというヘア・スタイリストがいて、ペプシ人が通うサロンの半分の値段で、２倍の価値があるカットをしてくれる。またこの店には腕のいい、オーダーメード専門の仕立て職人も雇い入れた。昔とは変わっていても、ここは依然としてロンドン一の既製服店だ。

ヒップなブティック、ダンディでお買い物。

20章 マイケル・フィッシュの影響——最後のスウィンギング・ロンドン

いくつにも枝分かれしていたヒッピーだが、どの分派にもムーヴメントの儀式に参加しつつ、そのリスクはいっさい引き受けようとしないファッション先行型が一定数存在した。日曜限定の常習者ともいうべき彼らは髪を長く伸ばし、派手な服を着て『ヘアー』や『イージー・ライダー』を観に行った。夕食後にマリファナ煙草を吸い、〝ヒップ〟の隠語を使って話した。だが家を出たり、逮捕されたり、持ち金をすべて手放したりすることはなかった。簡単にいうと厄介なことになる直前で、ゲームから身を退くようにしていたのだ——**現状を維持しながら、革命家のポーズだけを採り入れて**。

これがペプシ世代、すなわちアドリブ貴族階級——ミュージシャンや俳優やマスコミ人、モデルやカメラマン、指をパチンと鳴らすビジネスマンや足でリズムを取る上流の子弟――の子孫で、60年代の末期はずっと、彼らが男性のハイ・ファッションを担っていた。彼らが買いものをする店にはことごとくファッション・ジャーナリストが群れ集まり、そのあとに読者がついてきたのだ。

このころになると、アドリブのオリジナル・メンバーは大半がいなくなっていた。ビートルズはそれぞれの道を行き、世間から姿をくらませた。彼ら以外のヒーローも、ある者は亡くなり、ある者はＬＡに居を移し、ある者は面目を失っていた。ではダンディたちはというと、彼らは退屈な存在と化していた。

マイケル・レイニーはハング・オン・ユーを閉めた。イングリッシュ・ボーイというモデル・エージェンシーを経営していたマーク・パーマーもやはり廃業し、ジプシーのキャラヴァンに参加して荒野に旅立った。クリストファー・ギブズとデイヴィッド・ムリナリックは、ただ単に努力を放棄した。

その背景にはさまざまな要素がからんでいた。模倣されるのに飽き飽きしてしまったこと。〝ヒップ〟ムーヴメントの動向に幻滅させられたこと。単純に成長し、いろいろなもの――妻、家族、責務――を背負うようになっていたこと……。

加えてその変化は、理にもかなっていた。もしヒッピーの最初のステップが、服装をより自由にすることだったとしたら、2番目のステップはその考えをさらに押し進め、服装をまるごとむなしいものとして拒絶することだった。「ぼくはけっきょく、ファッションは堕天使だという結論に達した」とギブズは語る。「いつまでも自分から逃げつづけることを可能にする、有害な力だと。ぼくらはぼくら自身をいたぶっている、そうだろ？　でもなんのために？　ぴったりしたズボンはセックスにもよくない。格好のいい服は、ほぼ例外なく束縛が大きくて、不健康なんだ」

早くも1968年の段階で、そうしたファッションの揺らぎを敏感に感じ取っていた人々は、警告を受け取ることができた——凝った華美な服装は、じきにシックでなくなろうとしていたのだ。しかしそれはごく限られた人々で、当面のあいだ、流れの勢いは止まらなかった。それどころかそこには、マイケル・フィッシュという真新しいリーダーがいた。

ウッド・グリーンの出身で、本人の弁によると「ごくありきたり」な両親の下で育ったフィッシュは、ひょろっとした長身の多弁な男だった。ターンブル&アッサーでテクノラマ・シャツと幅広のネクタイをヒットさせると、その後、独立を思い立ち、*大手食料雑貨商の孫、バリー・セインズベリーからの出資を取りつけた。1966年、ミスター・フィッシュはクリフォード・ストリートで開業した。

＊大手食料雑貨商
英国で第2位の規模を誇るスーパーマーケット・チェーン、セインズベリーズのこと。

衣服のラベルにはすべて、伝説の〝ミスター・フィッシュだけの（Peculiar to Mr. Fish）〟というフレーズがプリントされ、彼はそうしたキャンプさと計算された奇矯さを、自分の店のポリシーにした。簡単にいうと、奇抜さを売りにしたのだ。

彼のねらいはみごとに当たった。店はシースルーのヴォイル、ブロケードやスパンコール、男性用のミニスカート、まばゆいシルク、花柄のハットでしっちゃかめっちゃかになっていた。現にそこは安っぽい雑貨屋のペプシ版ともいうべき店だった。にもかかわらずそれが、大人気を博したのである。

ここは極めつけのペプシだった――表面上はヒッピーの言動を採り入れられるだけ採り入れ、だがいっさい中身はない。「いやはや」と現在のバリー・セインズベリーは、いくぶん当惑気味に語る。「ぼくらに世界を変えるつもりはなかった。ただシックになりたかっただけだ」

ジョン・スティーヴンと同じように、フィッシュは決してデザイナーではなかった。彼はひとつの瞬間だった。最初の爆発とぴったり同じタイミングで登場し、UFOやフラワー・パワーと歩調を合わせて成長し、そうしたムードを捕らえてみせた。それは若い金持ちが、なによりもまず野放図で、露出狂的で、愚かしくありたいと望んでいた時代のことで、彼はそのすべてをふんだんに持ち合わせていた。彼の顧客リストにはじきに、ミック・ジャガー、デイヴィッド・フロスト、スノードン卿、デイヴィッド・ベイリー、ベッドフォード公爵や、エリントン公爵らが名を連ねるようになった。

社交面でも彼は大成功を収めた。フィッシュには独特の魅力があり、ひょうきんで、意地が悪く、すぐに感情を表に出した。顧客たちはそんな彼を、一種のマスコットあつかいした。おかげでフィッシュは連日連夜、政治家やポップ界の大金持ちと夕食をともにしたり、マーガレット王女とおふざけに興じたりし、おそらく2年間はロンドンのほかのだれにも増して、ペプシたちのいう〝今っぽさ〟を体現する存在だった。彼をタイム・カプセルに入れて、１９６７年とラベルを貼っておけば、ぼくらの子孫はこの時代のすべてを知ることができるはずだ。

彼は「ロンドン・マガジン」誌に、「自分のやりたいことをやる」と題した、自分のスタンスを説明し、正当化する文章を寄せているが、それはペプシのなんたるかを、正確に要約していた――「人はじぶんのやりたいことをやる人種か、自分のやりたいことをやらない人種に二分される」

彼はまた、この記事の冒頭で、次のようにも書いていた――「ぼくは社会をファッションと反ファッションで分断する考えに与さない。ぼくの店に来る人は、既存のイメージに合わせた着こなしをする必要がない。好き勝手な着こなしをしているが、それは自分に自信を持っているからだ。自分で自分をあっといわせている」

スーツが1着で100ポンド、シャツは1枚で20ポンドという値段をよそに、このナイーヴさは決して上辺だけのものではなかった。長時間にわたって話を聞いた結果、ぼくは彼が心からそう思っていたことをかなり確信しているし、彼がかくも大胆で派手な商品を送り出し、その結果、成功を収めることができたのも、こうした無邪気さ――自分の動機にまったく気づいていないところが功を奏していた公算は大きい。

1年半のうちに、フィッシュの店の年商は年間25万ポンドに達していたが、それにも増して印象的だったのは、彼がほんの数か月で、その筋の大家として受け入れられたことだ。「ウィメンズ・ウェア・デイリー」紙は、彼を〝ロンドンから登場したシックさの鑑定人〟と呼んだ。「エル」誌は彼に〝フィッシュ・ファッシュ〟という謎めいた呼び名を進呈し、「ザ・タイムズ」紙は〝高名な紳士服店主〟と呼んだ。

そのいっぽうでタブロイド紙も、やはり彼にご執心だった。ギミックの才に長け、ニュースのネタが尽きるたびに、画になる記事を提供してくれたからだ。おかげで一時は二日酔いで目を覚ますたびに、ミニスカート姿のミスター・フィッシュ、あるいは銀色のシークインに身を包んだミスター・フィッシュを目にする羽目になった。

こうして愚行にふけりつつも、彼は時間をやりくりし、カーナビー・ストリートやキングス・ロード、いや、ことによってはメイン・ストリートでも受け入れられる、別の尺度から見てもファッショナブルなスタイルをいくつか生み出した。高級婦人服業界からマークス&スペンサーまで、あらゆる層で1年にわたって流行りまくったロール・ネックのシルク・シャツ。今さらいうまでもない幅広のネクタイ。そしてエリック・ジョイによると、1966年11月に彼がはじめてフィッシュのためにデザインした革のマキシコート……。

一個人としての彼は、外向性と不安定さ、愚行と抜け目のなさ、キャンプっぽさと厳粛さのミックスだった。「ぼくは男性のフロンティアを征服しようとしてきた」と彼はぼくに語ってくれた。「大衆に関心があるかって？　キリストには12人の使徒しかいなかった。しかもそのひとりは疑り屋のトマスだったんだ」

こうした一見するとつじつまの合わない話が、彼との会話には定期的に飛び出し、おかげでインタヴューはいくぶん幻覚めいた様相を呈してきた。たとえばどういう影響を受けてきたのかと訊ねると、彼はしばらく考えこみ、言葉を選びながらこういった。「槍を持ったニグロのことをなんと呼ぶ？　サーか？　もちろんそうだろう。ぼくは典型的なおうし座だ。それはぼくが情熱的な恋人で、頼りになる友人だが、同時にもっとも手強い敵になることを意味する。とはいえ、時にはすごく優しくなることもあるんだが。

ぼくはとても内気な男だ。外交的な人間はほとんどが内気なんだ。真剣な顔で向かってくるより、できればこっちを笑いものにして、そのまま立ち去ってくれたほうがいい。いっておくがもしニューヨークの建築現場を通ったとき、口笛を吹かれたり、野次られたりしなかったら、ぼくは服を着ていないような気分になるだろう。5年前は『デイリー・スケッチ』紙のゴシップ欄に名前が載ることが成功だと思っていた。でも今のぼくはずっと奥が深い。飛行機に乗るたびに笑みを浮かべ、フライトが終わるまで、ずっとそのままでいる。かりに飛行機が墜落しても、笑みを浮かべているだろう。それは魂を身体から飛翔させることができるとわかっているからだ。ぼくはみんなを結びつける、共通の魂が存在すると信じている。

趣味のよさなんてどうでもいい。それは愛と同じような言葉で、50年間、忘れ去られるべきだと思う。ぼくにはその意味すらわからない。実をいうと自分のことはずっと、すごく下品だと思っている。革命家はそうあるべきなんだ」

実のところフィッシュは、本人が思っていたほど、あるいはマスコミが書き立てていたほど革命的な男ではない。ハング・オン・ユーの流れを汲んだ〝楽しむ服〟の系譜に属し、たしかにいくつか新しいスタイルをスタートさせはしたものの、基本的にはなにも変えていなかった。レイニーやジョン・スティーヴン、あるいはセシル・ジーとも異なり、決して分水嶺的な存在ではなかったのだ。彼はファッショナブルなジョークをつくる、家族向けの多才なエンターテイナーだった。

ではバリー・セインズベリーはというと、彼もやはり、おもに流行と廃りを判別する人間バロメーターとして、世間を楽しませていた。フィッシュとパートナーを組んだのは30代の末のことで、それまでの20年間は、サンモリッツからサントロペ、ポジターノ、パリ、ロンドン、ニューヨーク、ローマと常時ぶらぶらしてすごし、ついには目新しさのすべてを知りつくすまでになる。彼のもっとも愛する言葉は〝流行遅れ《デイモード》〟だった。

彼は魅惑的な男だった。カメレオンの技は決してドラマティックではないかもしれないが、珍しい上に正体不明で、学ぼうとしても学べるものではない。そしてセインズベリーはそうした才能を、極上のかたちで持ち合わせていた。彼には高級誌——＊ピーター・ストイフェサントやチンザノの広告を思わせるところがあった。1年じゅう日に焼け、フッ化物のように輝き、イヴ・サンローランのサファリ・スーツを語るときですら、徹底した落ち着きを感じさせる男。「大好きです、いや、昔は大好きで

＊ピーター・ストイフェサント　アメリカ産紙巻きタバコのブランド名。ニューヨーク市の基盤を築いたオランダ人提督の名前に由来する。

したというべきかな。正直いうと、今はちょっと〝流行遅れ〟な感じがします」

というわけで1966年に彼とマイケル・フィッシュが手を組んだのは、ごく自然な成り行きといえたし、1969年に彼らが袂を分かったのも、やはり自然な成り行きだった。

シックで〝ヒップ〟な店がミスター・フィッシュ以外になかったわけではない。単にここがいちばん早かっただけだ。派手な装いは次章で触れる、ダンディやグラニー・テイクス・ア・トリップのようなキングス・ロードの〝ポップ〟大型店、〝イカした《ファブ》お楽しみ《ファン》〟ファッション時代のブレイズ、そして靴屋のチェルシー・コブラーや、シャツ店のメジャー・アルカナの専門店でも花開いていた——まずフィッシュの店で働きはじめ、19歳の誕生日を迎えると同時に独立して成功を収めた恐るべき早熟の青年、デイヴィッド・エリオットの存在も忘れてはならない。

とはいえこうしたペプシ的な営みのなかで、もっとも強い印象を残したのは、ビーチャム・プレイスのシャツ店、デボラ&クレアだった。ハング・オン・ユー以降のシック/ヒップ・ショップのなかでは、どこよりも才能と創意を感じさせた店だ。この店のシャツは1枚1枚が、最初から最後まで同じ女性によってつくられ、できあがった商品は身体にぴったりフィットし、持ちもよかった。さらにインパクトだけでなく、質感やバランスの面でも優秀で、長つづきする歓びを与えてくれた。既製品なら最高で10ポンド、注文品なら30ポンドで、いっさい値引きはない。だが美しさの面でも職人仕事の面でも、その価格はたいてい、納得のいくものだった。

とはいえシック／ヒップなスタイルを代表していたのはデボラ&クレアではない。いや、それをいうならどの店でもなく、むしろ長髪の金持ちをターゲットにした一連の新しいヘアサロンが、その役割を担っていた。1回あたり最高で2ポンドの料金を取るこれらのサロンは、レモンやハーブ入りのローションで髪を洗い、コーヒーを出し、大音量のロックで客の耳をつんざきながら、かなり出来の悪いヘアカットをほどこした。店を出たときは問題ない。手で乾かした髪はきれいにカールし、まるでスタイル画のように見える。だが角まで来て一陣の風に吹かれると、凝った意匠はすべて台無しにされ、以前のごちゃごちゃな髪型にもどってしまうのだ。

だがかりにうまくカットできたとしても、ヘアサロンが矛盾をはらんだ場所であることに変わりはなかった。そもそも長髪は〝クソくらえ《ファック・ユー》〟を意味し、確立された秩序に怒りと嫌悪感をぶつけるための手段だった——ところがサロンはそこから憤怒を取り去り、かわいく、小ぎれいにすることで、長髪を去勢してしまったのだ。

こうしたサロン（軽佻浮薄なマスコミは〝ちょきちょき屋《クリップ・ジョイント》〟という呼び名をつけた）

の先駆けで、またもっとも有名だったのが、ビーチャム・プレイスの地下にあったスウィーニーで、この店はその後、ワールズ・エンドにトッドという2号店を出している。

いずれも経営者はギャリー・クレイズという元女性専門の美容師で、メイミー・ヴァン・ドゥーレンやジェイン・マンスフィールドを思わせるやけに芸能界くさいしゃべり方に、ヒッピーの隠語を織り交ぜていた。「ニック、あたしはほとんど儲けてないの。いっとくけどこれは嘘じゃないわ」

言葉数が多くて自信満々な彼は、もっぱら自分で自分に賞賛を浴びせてきた――「1967年にスウィーニーを開く前は、トップ・クラスの女性向けサロンを総なめにしていたわ」と彼はぼくに話してくれた。「でももう、どの店も褒めるつもりはない。あたしはとんでもなく人気があった。フリーランスで仕事をしてたんだけど、山のようにお得意客がいて、どこに行ってもあたしについてきてくれたの。

スウィーニーであたしははじめて、髪の毛をトータルなファッションとして考えた。頭のてっぺんでぽつんと孤立してるんじゃなくて、身体全体の一部として。服だって除外して――あたしは全裸の身体に合わせてカットしたの。そんな時こそ、格好よく見えるのが大事だからよ。だれかとことにおよぼうとしてるとき――セックス面で、という意味だけど。

トップクラスの人たちが大勢やって来たけれど、名前は出したくない。それはあたしの流儀じゃないの。なんなら信じてもらえないぐらいすごいリストだって出せるのよ。ポップ・スターや映画スターや、とにかく名前の出てきそうな人は全部網羅したリストを。でもそういう真似は下品だと思うの。あたしは下品な真似が大嫌い。たぶんあたしの考えるシックさは、かなり慎み深いものなのね。シックさって、かなり特別なのよ。

ニック、お願いを聞いてくれる？　この本を出すときは、インタヴューの日時も一緒に載せてほしいの。だって半年先にはもう、あたしの頭がどっちを向いているかによって、考え方が完全に変わっているかもしれないでしょ？　でも１９７０年8月1日の段階では、自分のスタイルをもっとシンプルに、純化しようとしているところなの。あたしはギミック好きなタイプじゃない。外見にこだわるのも大嫌いだし。最後には完全に純化されたいわ」

この動きにようやく陰りが見えてきたのは、１９６９年から70年にかけてのことだ。大衆レヴェルで新奇さを失うのに合わせて、ヒッピーはハイ・ファッションの世界でも消費されつくした感があり、カフタンや愛のビーズは顧みられなくなった。１９６

9年の夏には、高級婦人服の世界でバックスキンのフリンジと花柄のスタートが一時的に流行したものの、これを最後にサイケデリアは、まったくスマートでなくなってしまう。

この時期には男性ファッションも多様化しはじめ、その結果、なにが現代風でなにがそうでないのかを、正確に切り分けるのがはじめてむずかしくなってきた。ヒッピーが消え去っても、単独でそれに代わるものは登場せず、ファッションはいくつかの流れに分化した——楽しむ服、ケンジントン・マーケットのがらくた屋とエスニックなはぐれ者たち、ヴェストに代表されるフォーマルさの復活、フランスのスタイルと大陸のデザイナー全般、とりわけセルッティとイヴ・サンローランの流行。

こうしたもろもろが伝えていたのは、独裁性の終焉だった。ブランメル以来ずっと、ファッションはエリートによって規定され、一般大衆がそれに追随していた。ブランメルからエドワードⅦ世、そしてミック・ジャガーにリーダーが代替わりしても、甚大な影響力持つ存在がいることに変わりはなかったのだ。だが今や、そうではなくなっていた。時には有名人のあいだから、新しい流行が生まれることもあった。**だがそれよりもストリートで、とくにだれからということもなくはじまるケースが多くなっていた。**

これはテッズがスタートさせたパターンで、以来、ティーンエイジのカルト——モッズ、ロッカーズ、スキンヘッド——に脈々と受け継がれてきた。それが今や、主流となっていたのである。小さな店がオープンしては、いくつか新しいスタイルをスタートさせ、また消え去っていく——男たちは自分でデザインを手がけ、ガールフレンドに服をつくらせはじめた。あちこちでそれぞれに影響力を持つ存在や、新たな方向性が出てくるようになった。

１９７０年の末になると、中心はもう残っていなかった。「ファッションはもう、存在しないも同然だね」とマイケル・フィッシュは語っている。「あるのは服だけだ」これはあまりにも大雑把すぎる単純化だが、いくばくかの真実もはらんでいた。たしかにサヴィル・ロウにはもう、いや、カーナビー・ストリートにすら、市場に単一のスタイルを押しつけることはできなくなっていた。デザイナーたちはますます自分で考えるようになり、その結果、否応なく、ファッションの幅と多様性は劇的に拡大した。

派手な衣服信仰は、楽しむ服に受け継がれた。その中心になったのが１９６９年にワールド・エンズでオープンし、その後、１９７０年のクリスマスにケンジントンに移転したミスター・フリーダムだ。店は巨大なパレス・オブ・ファンのなかにあり、ペプシのスーパースターたち、たとえばジョー・マソット*のように、まさしく名前を挙げる価値のある人々で常時すしづめになっていた。

経営者はトミー・ロバーツという愛想のいい肥満漢だった。年齢は28歳、キャットフォードの出身で、以前は中古車のセールスマンや、〝怠け者のビートニク〟、クレプトメイニアの共同経営者などをしていた男だ。そして今はわきの下に汗染みのあるTシャツ姿で、意図的にだらしない男を演じているが、実際には抜け目がなく、ひょうきんで、簡単には嫌いになれないタイプだった。

彼の服は笑いものにされることを意図していた。最初のアイデアは子ども服、とりわけアメリカの子ども服を大人用に誇張して仕立て上げるというもので、そこからスローガンをプリントした色とりどりのTシャツや、短いショーツ、ダンガリー、あるいはくにゃりとした帽子が登場し、それが30年代、そしてとりわけ50年代ハリウッドのパスティーシュとないまぜにされた。

すべてが原色で、派手なら派手なほどよしとされ、前面か背面には、エルヴィス・プレスリー、ジーン・ハーロウ*、ミッキー・マウス、童謡の一場面、飛行機、キャデラックと、その月々でもっともキッチュな画柄のアップリケ——実際には転写——がプリントされていた。

*ジョー・マソット
Joe Massot（1933〜2002） ジョージ・ハリスンが音楽を手がけた『ワンダーウォール』で知られる英国の映画監督。ジミー・ペイジの隣人だった縁で『レッド・ツェッペリン／狂熱のライブ』の監督を引き受けたが、途中で降板した。

*ジーン・ハーロウ
Jean Harlow（1911〜1937） アメリカの女優。30年代にセックス・シンボルとして絶大な人気を誇ったが、26歳の若さで世を去った。

彼らはお祭り騒ぎを装った――だが実際には、その正反対だった。パスティーシュ化したイメージに対する本物の愛情や祝福の気持ちはいっさいなく、単に上の立場から、面白がっているだけだったのだ。心から喜ぶ代わりに冷笑を浮かべる彼らは、自意識が強く、退廃的で、基本的につまらない人種だった。

にもかかわらず多くの人々が、彼らの服を単純にカッコいいと考えた。ヒッピーのビーズやローブが退屈に思えてくるやいなや、キャンプさと空虚さにかけては無限のポテンシャルを誇る〝楽しむ服〟が、まったく新しいゲームを提案した――〝じゃあ今度はフレディ・バーソロミュー*になったふりをしよう〟。

店の前を通りかかるたびに、客が外まであふれ出し、そればかりかトロントには2号店があって、〝楽しむ服〟をほかのブティックに売る卸売部門も盛業だった。「それもたったの1年半でね」とロバーツは語っている。「これでうちが本当に乗ってきたらどうなることか」

彼の客は40パーセントが男性、60パーセントが女性で、その野望は留まることを知らなかった。ミスター・フリーダムの化粧品、宝石、ストッキング、壁紙、ハイカット・スニーカー、それに加えてヨーロッパとアメリカの市場獲得と、あとはなにを？　車、アパート街、さらには都市をまるごと――「可能性は無限だ。基本的な原則は、

＊フレディ・バーソロミュー　Freddie Bartholomew（1924～1992）30年代の人気子役俳優。出身は英国だが、おもにアメリカで活動し、後年はTVプロデューサーになった。

なんにだって当てはめることができる。たとえば通りをまるごと原色にしてみたり、列車やジェット機にアップリケをつけてみたり。

〝楽しむ服〟がとてつもなく重要になってくる可能性もある。いずれにしてもオートメ化が進めば、仕事はずっと楽になって、すべてが余暇になるだろう。そうなったら人生はまるごと〝楽しむ〟ものになる」

〝楽しむ服〟のコンセプトをスタートさせたのは、実のところロバーツではない。それは王立美容院の学生時代、大学が主催する1968年のファッション・ショーで、エルヴィス・プレスリー風の金ラメ・スーツと、両肩に小さな飛行機を乗せた飛行家風の分厚いロングコートを発表し、会場じゅうをあっといわせたジム・オコナーだった。

卒業後のオコナーは、しばらくフリーランスで活動したのちに、1970年、シェパーズ・マーケットで新しい店を開いたデイヴィッド・エリオットと手を組んだ。ふたりは背中に複数の木や顔を刺繍した小ぶりのキャンヴァス・ジャケット（40ポンド）や、光沢のあるシルクのスーツ（80ポンド）や、スパンコールのついたドレッシング・ガウン（200ポンド）を売った。「長くは持たないだろう」とエリオットは語っている。「でもやってるあいだは楽しめるはずだ」

エリオットは正しかった——ミスター・フリーダムがケンジントンに移転すると、オコナーはチーフ・デザイナーとしてこの店に加わった。すでにロバーツは〝楽しむ服〟の分野でエリオットを凌駕していたが、これでこの市場はほぼ、彼の独占状態になった。

その間もずっと、彼は変わりつづけた。子ども服にまだじゅうぶん勢いがあったころから撤退をはじめ、50年代ファッションへと一気に転換。テディ・ボーイのスーツ——それらしくは見えるものの、つくりは劣悪だった——を復活させ、女性客にはぴっちりしたハイスクール・セーターと、ゆったりしたスカートを売った。このパターンは食いものにできるハリウッドやポップの神話が完全に尽きてしまうまで、えんえんとつづきそうな勢いだった。「そうなったとしてもべつにかまわない」とロバーツは語っている。「そのころにはもうフラワー・パワー、いや、スタートしたころの自分たちだって、キャンプに復活させることができるだろう——それはつまり、永遠に堂々めぐりをつづけられるということだ。

これはただの流行やファッションじゃないと、わたしは固く信じている。これはまぎれもなく革命だ。少なくとも10年はつづくし、服装を完全に変えてしまうだろう。実際の話、服装がほんとうの意味で変わるのは、１５０年に1回程度で——わたしたちはちょうど今、ひとつのサイクルを追えようとしているところなんだ。それは〝クソ真面目〟の時代だった。そして今は次の時代、〝楽しむ〟時代のはじまりなんだよ」

ぼくは彼が正しいとは思わない――少なくとも、この言葉通りの意味では。たしかにひとつのサイクルが終わりつつあるのかもしれないが、といってミスター・フリーダムが、新しい夜明けとは思えないのだ。ぼくはそれをむしろ終わり、スウィンギング・ロンドンの最後のあがきと見ているし、2年後にはまちがいなく過去の遺物と化して、サイケデリアほかのポップ・カルトと同様、縁遠いものになっているだろう。とはいっても今のところは〝楽しむ〟服の天下だ。雑誌やポスターの紙面を飾り、無数のディスコティックやレストランの鏡に映し出され、中年の男女がマリファナ煙草をたしなむパーティーでは、禿げかかったデブ男がジョニー・ワイスミュラー*に扮し、その妻たちがリタ・ヘイワース*を演じている。

それは決して美しいながめではない。「気分が悪くなってくる。でもそれが普通なわけでね」とエリック・ジョイは語る。「帝国がはじまったばかりで、まだ国が健康なころは、だれもファッションなんて気にしない。忙しすぎて、そんなことにはかまけていられないからだ。でも衰退したローマのように、帝国がばらばらになってくる

*ジョニー・ワイスミュラー Johnny Weissmuller（１９０４～１９８４） アメリカのスポーツ選手、俳優。ハンガリー生まれ。オリンピックの金メダリスト（水泳）から俳優に転じ、一連のターザン映画で大当たりを取った。

*リタ・ヘイワース Rita Hayworth（１９１８～１９８７） アメリカの女優。40年代のセックス・シンボル的存在で、代表作に『ギルダ』（１９４６）、『上海から来た女』（１９４７）がある。

と、華美な服装や、同性愛や、麻薬中毒のたぐいや、ミッキー・マウスのTシャツがはびこりはじめるんだ」

マスコミがもっともてはやしているのはこの服だが、実際の時流には乗っていない。全体として見ると、派手な衣服の黄金時代はすでに過ぎ去り、概して落ち着いた服に回帰する流れがあるようだ。カーナビー・ストリートや一般人のヒッピーがそうなったように、ペプシ族も奇抜さにいくぶん食傷している。5年間ずっとクレッシェンドがつづいてきたせいで、くたびれてしまったのだ。

それでも大騒ぎはつづいている。蛮行や愚行は以前と変わらないペースでくり出され、いまだに多くの人々が引っかかっている。しかし60年代の冒険譚《サーガ》をまるまる生き延びてきたヴェテランたちは、まったく心を動かされていない。彼らはそうした騒ぎの背後で、時代が変わったことを見て取っている。60年代の初頭から中盤にかけては、むろん過大評価もあったにせよ、あらゆる分野でポップのタレントが大量に登場した。だがつねに新しい血が求められてきた結果、出がらし状態になってしまい、1970年にはもう、新しいビートルズやローリング・ストーンズ、マリー・クワント、デイヴィッド・ホックニーやオジー・クラーク、あるいはマイケル・レイニーは存在しなかった。**中心はロンドンから、ロスアンジェルスやニューヨークやローマに移りつつ**

あった。

かくして大陸のデザイナーたちの出番となり、バリー・セインズベリーも今や、パリのセルッティからニットのパンツや靴、ローマのパラッツィ（〝ギャバジンのことを知っている、唯一にして無二の男〟）からスーツ、そしてサントロペからはビーチウェアと〝最高に驚異的な仕立てのジーンズ〟を仕入れている。

ほかに名前を挙げる価値があるのは、ローマのヴァレンチノとピアテッリ、そしてパリのイヴ・サンローランあたりだろうか。マイケル・フィッシュほかの低俗な英国人デザイナーに比べると、彼らのデザインは控えめだった。サンローランは別にすると、一様に身体にぴったりしたデザインや色と色のぶつかり合いを避け、〝楽しむ〟服を見下していた。代わりに布地やスタイルの微妙なちがいを重視し、金を稼ぐことにも熱心だった。というのも彼らの服に手を出そうと思ったら、最低でも100ポンドを支払う覚悟が必要だったのである。

セルッティやヴァレンチノのようなブランドは、だれがどう見てもエレガントだった。逆にサンローランのように、スノッブでしかないブランドもあった。だがいい悪いは別として、彼らはいずれも無感情さを志向していた――いくぶん気取った、セックスとは無縁なスタイルである。「ホモ連中」とエリック・ジョイはいつもながらにひとことで斬り捨てたが、この言葉には大いにうなずける部分があった。

だが彼らは時流に乗っていた。60年代の振動音が静まっていくなかで、それにちょうど見合った小ぎれいさと慎ましさを提供したのだ。サファリ・スーツ、小ぶりな襟のボディシャツ、タイトニットのセーター、ブーツではなくて靴、チェックのマキシコート……。「やたらとおしゃれな着こなしをする時代は、完全に過ぎ去った」とセインズベリーは語っている。「3年前ならなんのはばかりもかく、フリルのシャツやサテンのズボンで通りを歩けたし、逆にそれが楽しかった。でも今となっては古くさいし、バツが悪くなってくる」

1970年に入ると、**趣味のよさやバランス、いや、それどころか品質という言葉までもが、いつのまにか復活しはじめた。**すでにスウィンギング・ロンドンの旗振り役を意味する〝60年代人種《シックスティーズ・ピープル》〟のことを、無声映画のスターのような、旧時代の存在あつかいするのが流行となってきた——古風だがそれなりに愛すべきところのある、メロドラマ的でコミカルな存在として。

では実際の店はどうだったのかというと、大陸ファッションの流行は、イタリア人以上にフランス人の助けとなってきた。早くも1967年の時点で、サウス・モルトン・ストリートのブラウンはフランスのファッション、とりわけ股上の浅いストレートカットのニュー・マン・ジーンズを売りものにしていたが、その後、経営陣とポリシーに変化があり、以来、この分野はもっぱらフラム・ロードのピエロ・ディ・モンツィとブラウン、そしてフェザーがリードしてきた——最後のふたつは現在、同じ経営陣の傘下にいる。

　1970年になると、ペースが加速しはじめた。イヴ・サンローランはリヴ・ゴーシュというブティックをナイツブリッジにオープンし、ハロッズにはセルッティのブティック、イェガーにはパラッツィの売り場ができ、ニュー・マンのジーンズは、ほぼすべての店で売られるようになった。突然、すべての古着店が、ヨーロッパに鞍替えしたかのようだった。

　その時期、つかの間の流行だったとはいえ、マスコミで大いに喧伝されていたのが、男性と女性のファッションのあいだに大きな差異はなくなったという前提にもとづく〝ユニセックス〟だ。男性はますますシルクやサテンを、そして女性はますますズボンやシャツやドタドタした靴を着用するようになっていた。見たところ男女のファッションは、入れ換え可能になったらしかった。

　その考えそのものは、まったくまちがっていなかった——性的なアイデンティティが緩和されてきたことを受けて、衣服はたしかに重なり合っていたのだ。**男性ファ**

ッションは、男性が自分のなかの女性らしさをようやく認める気になったところからはじまっていたが、同様に女性たちも以前ほど束縛を感じなくなり、自分たちの男性的な側面を活用するとともに、ますます女っぽさを増していくボーイフレンドにも合わせていけるようになっていた。

この動きがさらに加速していくのはまちがいない。女性がより解放され、よりキャリア志向になり、男性の支配欲がより薄れていくにつれて、男女の役割は非常に曖昧になり、結果、その服装にも多大な影響が出てくるはずだ。

だがユニセックスはこの点を無視していた。本来の意義を見過ごし、単なる一時しのぎのギミックとしか考えていなかったのだ。恋人たちはみんな魅了され、ふたごのような見てくれになりたがるだろうという前提の下、男性と女性のモデルが同一の服装で撮影された。男女ペアの水着、パジャマ、シャツ、髪型、下着、Tシャツ……まるでこの国をまるごと、ドリー・シスターズ*化しようとしているかのようだった。それはどう見てもあざといコンセプトだったが、業界とマスコミは何か月か、狂ったようにプッシュしつづけた——さいわい、売れ行きは大したことがなかったが。

しかしながらますます多くのブティックが、男性と女性の両方を相手にするようになっていたのは、まちがいのない事実だった。これは決してユニセックスではない。

＊ドリー・シスターズ
ロージー・ドリー（Rosie Dolly〔1892〜1970〕）とジェニー・ドリー（Jenny Dolly〔1892〜1941〕）の双子姉妹。20世紀初頭に歌と踊りで人気を博した。

すべての服が性別を無視して、同一だったわけではないからだ。だが男女の服が一緒に売られ、こうしてさらにもうひとつの障壁が取り去られた。10年もすると、少なくともハイ・ファッションの世界では、いわゆるメンズ・ショップが完全になくなっている可能性もじゅうぶん考えられる。

そしてマイケル・フィッシュは？　1970年になってもまだ、彼の名前は紙面をにぎわせ、店は相変わらず盛況だった。たぶんこの先も何年か、その状況に変わりはないだろう。といって彼が有頂天になっていたわけではない。もっとも調子のよかった時期ですら、ビジネスにうとい彼は損失を出していたのだ。またセインズベリーと別れた今、どことなく盛りを過ぎたようなイメージがついてまわっている。プレッシャーやごたごたはもうたくさんだ、と彼は話していた。「高く登れば登るほど」とフィッシュはぼくに告げた。「まわりにいる人間は少なくなってくる」

彼が疲れた表情を浮かべていたのはたしかだ。卸売り業に進出し、ハーディ・エイミスのようにチェーン店のひとつと契約を結ぶという目標はまだ叶えられていない。だがかりにそれに失敗しても、彼はいつでも店を売って、かなりの利益を上げることができるだろう。それでもやはり、肩すかし感は否めなかった。「かわいそうなマイケル」とバリー・セインズベリーはいった。「こんなことをいうのは酷かもしれないが、彼はひどく時代遅れな感じがする」

マイケル・フィッシュは1967年以降、ヒッピーを模したスタイルを次々と生み出して、ハイ・ファッションの世界に導入。3シーズンものあいだ、ロンドンでもっとも有名な店主でありつづけた。

21章　スキンヘッド――労働者階級の反動的ファッション

モッズは当初のデリカシーを捨てて、じょじょにありがちな暴力集団へと変貌を遂げ、すでに述べたとおり、１９６６年になると、スタート時の理念とはまったく対極に位置する存在と化していた。

海辺での暴動がひと段落すると、モッズは全国的なムーヴメントではなくなってしまう。だがおもに南部でぽつりぽつりと生き残り、ダンス・ホールではそれなりの勢力を維持していた。ザ・フーのポップ・アート的な奇抜さの代わりに、彼らはソウル・バンド、とりわけジーノ・ワシントン＆ヒズ・ラム・ジャム・バンド*を支持するようになり、ライヴでは毎回のように、大挙して騒ぎを引き起こした。時にはひたすら飛び跳ねながら叫び声を上げ、時には会場を壊しまくる。いずれにせよ彼らは、ほとんど先祖返りを起こしたかのごとく、テッズ並みに単純で暴力的な存在となり、意図

＊ジーノ・ワシントン　Geno Washington（１９４２〜）アメリカのR＆Bシンガー。空軍兵として英国駐留中にロンドンのクラブでうたいはじめ、2作のライヴ・アルバムを全英トップ10に送りこんだ。ディキシーズ・ミッドナイト・ランナーズのヒット曲〈ジーノ〉（１９８０）は彼のことをうたった曲だ。

的に下品さをよそおって、気取りや上品さをことごとく忌み嫌った。

こうしたすべては、当時の中流階級が信奉していたフラワー・パワーと対比させて考える必要がある。そうすればモッズがひとつの反動――労働者階級には理解されず、いかがわしいものと見なされていた〝優しさ《ソフトネス》〟に対する、しっぺ返しだったことがわかるだろう。ヒッピーを前にすると、彼らは本能的に、馬鹿にされているような気分になった。

この時期のモッズはほとんどが17歳から18歳で、髪の毛は短く、機能的な服を着ていたが、決して極端に走るようなことはなかった。しかし1968年になると、3、4歳は若い新世代が登場し、基本的なスタンスは同一ながら、それをフェティシズム的な方向に強化しはじめた。

スキンヘッドという名称が、最初から使われていたわけではない。当初は単なるモッズの若年版と見なされ、未分類のままだった。ただし荒っぽさでは上を行き、とくにノース・フィンチリー地区には、血の気の多いメンバーが集まっていた。丸刈りにした髪型や重いブーツが最初に流行ったのも、ぼくの知る限りではここだった。

年長のモッズが漠然とした敵意を振りまいていたのに対し、新参者たちはひとつのモットーを打ち立てた。〝見せびらかすんじゃねぇ〟という、いたって簡潔なモットーを。

なにもいわずにぶちのめす――それよりも複雑な行為は、ほぼすべて〝見せびらかし〟と見なされた。ヒッピーはもちろん見せびらかし屋で、インテリや成功者もそうだった。弁の立つ男は見せびらかし屋だった。かわいいガールフレンドであれ、車であれ、派手な服であれ、ステータス・シンボルと呼べるものはすべて見せびらかしだった。肉体的な美しさ、変人ぶり、趣味のよさへのこだわり――イメージ全般がそうだった。

では見せびらかしではないものは？　土曜の午後のサッカー、暴力、レゲエ（西インド諸島のポップ）、そして〝ファック〟という言葉――それでほぼすべてだった。それ以外は異端とされ、ブーツで罰を与えられた。

じょじょにクルーカットや厚手の重いブーツ、そして足首丈のズボンやズボン吊りや開襟シャツなどからなるユニフォームができはじめた。そもそもの出所はアメリカのキャンパス・ルック――ズック靴、デニム、チェックのシャツ――だが、裏通りでいきなり剃りあげた頭とにきび、そしてダッジェム・カーのようなブーツに行き当たると、そこから受ける印象はかなり異なっていた。すさんだ雰囲気が漂い、とくに向こうから近づいてくるのがまだ13歳か14歳の子どもでしかないことがわかると、ひどく怖ろしくなってきた。

美という観点で見ると、これはすばらしいファッションだった。「シンプルさの極みだ」とトム・ギルビーは語る。「非の打ちどころがない、古典的なファッション。余計な飾りはいっさい抜きで、ただただインパクトに特化している」しかし当のスキンヘッドは、そうした言葉にいっさい耳を貸さなかった。彼らからすると、それはおしゃれに対する異議――意図的に華美さを排したがさつなスタイルで、「知ったこっちゃない。オレたちは見せびらかし屋じゃないんだ、飼い慣らされてたまるか」という宣言にほかならなかったのだ。

さまざまな名前が生まれては消え――スミシーズ、スカルズ、ピーナッツ――1969年にようやく、スキンヘッドが定着した。このころになると、このムーヴメントは全国的な広がりを見せ、騒動の数々――サッカー場での暴動、パキスタン人に対する暴行、バンク・ホリデーの海辺でくり広げられる馬鹿騒ぎ――がマスコミ沙汰になっていた。

いっぽうでそれに反発するかのように、テッズ／カミナリ族／ロッカーズの復活が起こる。彼らは取り急ぎバイクを改造し、ヘアオイルをはぎ取り、屋根裏部屋から黒の革ジャンを引っぱり出してきて、新世代にうやうやしく手渡した――グリーザーズである。

グリーザーズはロッカーズよりもさらに凝った服装をしていた。花飾りのようにチェーンをぶら下げ、革ジャンには華々しく鋲が打たれている。カリフォルニアのグループをそのまま真似て、ナイト・ホークス、ヘルズ・エンジェルズ、あるいはミッドナイト・マローダーズなどと名乗っていたが、そうした飾りを取り去ると、中身は昔ながらのテッズだった。彼らはジェリー・リー・ルイス、トラック運転手ご用達のカフェ、チップス、おっぱい、そして殴り合いを好んだ。スキンヘッドとの衝突は、まさしく5年前のモッズとロッカーズの再現だった。

スキンヘッドは変わらなかった。いったんスタイルができあがると、古いワークシャツがチェックのシャツに代わり、ブーツがさらに大きくなったぐらいで、それ以外はずっと元のままだった。時がたつにつれて、彼らはいくぶん新奇さと強面なイメージを失いはじめる。1970年の末ともなると、すっかりなじみのある気軽な存在となり、ファッション化の機はじゅうぶん熟していた。

かくして軟弱化のプロセスが、またしてもスタートする。なんにでも一番乗りするクリストファー・ギヴズがまず、1969年のクリスマスに髪を短く切り、ジョン・レノンほかの男女が彼のあとを追った。

じきに衣服のデザイナーたちも、この路線に乗ってきた。靴屋はつま先の丸い、かさばる靴を売りはじめた。ジム・オコナーはキャンパスのスタイルを採り入れ、その仕上がりはホームでサッカーの試合がある、土曜日のシェッドやストレトフォード・エンドを多分に思わせるものになった――1着30ポンド、40ポンド、50ポンドという値段は別にして。そしてトム・ギルビーは、〝けんか《ボヴァー》ルック〟という新しいスタイルを提唱した。

それらはいずれも正統的なスキンヘッドのファッションではなかったものの、影響ははっきり感じさせ、むしろ本物に近すぎたせいで、ムーヴメント本体の勢いは衰えはじめた。先達たちと同じように、スキンヘッドはやる気を失い、歳を取るにつれて脱落していった。夕刊紙を開くとファッションのページで戯画化され、チェルシーのヤワな連中が自分たちのスローガンをパクっている。だがそれを見ても彼らはただ、「ちくしょう」と歯噛みすることしかできなかった。

1970年の秋になると、スキンヘッドのピークはすでに過ぎ去っていた。彼らはサッカー場から姿を消し、ブーツやズボン吊りを捨てて、髪を伸ばしはじめた。この時点で10代のなかばになっていた彼らは、スエード*（スエードヘッド）あるいはヘアリーズと呼称された。スーツにネクタイ姿の彼らは、ずっとこざっぱりとしていて威

＊原注：70年の末にはほかに、クロンビーズという新たなムーヴメントが勢力を伸ばしていた。習慣や態度はスキンヘッドを受け継いでいるが、ユニフォームはブーツとズボン吊りの代わりに、ハーフコートと不格好な靴、そしてチェックのシャツが基本となる。そのコートは本来、老舗のクロンビー製でなければならないが、本物のクロンビーは高価なため、たいていは代用品だった。

嚇的でもなかったが、社会に対する態度は依然として反動的だった。一見すると彼らは1965年ごろ、シェパーズ・ブッシュにたむろしていたモッズがよみがえったかのように見えた。

しかしたとえスキンヘッド本体が消え去っても、そのムードが消え去ることはないんじゃないかとぼくは思う。彼らは労働者階級全般に広まりつつある反動的な動き、パウエリズム*を生んだ右翼的な盛り上がりの一断面にすぎない。それをティーンエイジャーが示して見せたのが、スキンヘッドだったのだ。この動きはどうやら70年代を通じてつづき、さらに激化しそうな勢いだが、その場合には3、4年ごとに、スキンヘッド的なカルトが復活することになるだろう。名前は変わるかもしれないし、ブーツとズボン吊りも新しい小道具に取って代わられるかもしれない。だがその本質はつねに同一だ——徒党、制服、厄介者。

＊パウエリズム
60年代末の英国でおこった反移民キャンペーン。名称は演説で移民の流入を激しく非難した国会議員、イノック・パウエルに由来する。

60年代の末には、グリーザーズとスキンヘッドがそれぞれロッカーズとモッズに取って代わった。ファッションもその直系で、暴動と破壊に明け暮れていた。

22章 緊縮――無意識に変化する人々

ファッションにせよ、全般的な社会風土にせよ、飛躍的な進歩にまつわる公理のひとつが、A地点からB地点へと直接移動するのはほぼ不可能だということだ。もし突破口を切り開くとしたら、まずは過激さが必要になる。ロジックや冷静な計算で成し遂げることはできない――まず前衛部隊が闇雲にジャンプし、そのままC地点に降り立つことによって、はじめて達成されるのだ。

いったんそこまで飛び出してしまうと、見直しが可能になる。C地点に行き着いた人々の一部は、そのままD地点を目指してさらに進みつづけるが、大多数はひとまず満足するか、くたびれるかして、少し逆もどりする公算が大きい。そのいっぽうで、そもそもジャンプする度胸がなかった人々の多くも、だいじょうぶだとわかって前に進みはじめる。そしてけっきょくB地点あたりで、その両方が合流するのだ。

むろん、これは極端な単純化で、革命をマニュアル通りに進めるようなものだが、ぼくにはそれが60年代から現在にかけて、男性の服装に起こってきたことを、本質的な意味で表現しているように思える。いや、服装だけでなく、ポップ文化全般に起こってきたことを、表現しているといってもいいかもしれない。

どんな基準に照らしてみても、60年代はファッション市場のあらゆるレヴェルで、激変が起こった時代だった。そうした変化の大半は、根幹を揺るがす、もはや取り返しのつかないものだ。しかしその変化を実現するためには、派手やかな服装を必要以上に持ち上げ、大量のスポットを当てる必要があった。ところが70年代がはじまると、逆にそれがよけいな真似だったように思えてきた。

ぼくはすでにハイ・ファッションやヒッピーの世界、そしてカーナビー・ストリートで、過剰さのきざしが見えはじめたときの状況に触れてきたが、現在ではそれと似た満腹感が、ファッション界全体に行き渡っている。「60年代は最高だったけどやりすぎだった」とトム・ギルビーは語る。「これからはもうちょっと考えて、もうちょっと基準のしっかりした時代が来るだろう」

といってすべてが変化するわけではない。すでに書いた通り、少数派はつねにD地点を目指しつづけるし、ペプシ族はまちがいなく生き残る。極楽鳥がキングス・ロードを飛びまわり、ドラァグは相変わらずロック・スターやそのファン、そして流行に目ざとい中年男に売れつづけるだろう。ミスター・フリーダムや〝楽しむ服〟に終わりが来ても、それ以上にキャンプでけばけばしい、新たな愚行がその後釜に座るはずだ。英国がなんらかの強大な社会的災害に見舞われない限り、そして有閑階級が一掃されない限り、パレードに終止符が打たれることはありそうにない。

だが全体的に見ると、流れは逆行しているようだ。ティーンエイジャーはふたたびスーツにシャツとネクタイを身に着け、みがいた靴をはくようになった。オフィスにも地下鉄にも街角にも、ヴェスト姿の若者がいる。

ほかのなによりも緊縮の時代を象徴しているヴェストの復活は、おもにジェフリー・クウィントナーが旗振り役となって実現させたもので、彼はジョン・スティーヴン以来、もっとも影響力の強い店主となりそうな勢いだ。

クウィントナーはロンドンに8つの店、うち4店をキングス・ロードに所有し、そのうちの4店はスクワイア・ショップ、3店はヴィレッジ・ゲート、そして最後の1店はサッカレーと呼ばれている。正確にいうと、彼は最初にヴェストをよみがえらせた人物ではない――リヴァイヴァルは大陸ではじまり、1968年ごろに出まわりはじめた初期の3ピース・スーツは、大半がオランダからの輸入品だった。といって彼が最初にそれを、ロンドンで売ったわけでもない。だが最初に強くプッシュし、大々的に宣伝したのは彼だったし、ブームの火つけ役となったのもやはり彼だった。

競争相手たちの基準からすると、クウィントナーは変わり種だった。なぜなら彼はインテリだったからだ。仕立屋の息子としてハックニーで生まれ、内省的な少年に育った彼は、リージェント・ストリートのポリテクニックに進学する。だがそこで化学の理学士号を目指していたころ、ジャック・ケルアックや『アウトサイダー』を読み、すっかりビートにかぶれてしまった。

彼はビートの生き方をまっとうした。バトリンズ[*]で皿を洗い、中国の詩を読み、禅宗を学びながら、ヨーロッパ全土を放浪した。ややあって新鮮味が薄れてくると、ペチコート・レインで露店をはじめ、5年前、リッチモンドで初のブティック、アイヴィー・ショップをオープン。そして今、彼の年商は150万ポンドに達している。

メンズウェアの世界では、かなり珍しい経歴だろう。少なくともウォーレン・ゴールドやアーヴィン・セラーの競合相手には見えないし、このふたりに比べると、クウィントナーが奇才に思えてくるほどだ。タフな男だったのはまちがいない。さもないとここまでの金持ちにはなれなかっただろう。それでも個人的なつき合いではおそろしく繊細で、従業員との関係、自分に対する彼らの意見、競争相手の意見、それどこ

＊バトリンズ
英国の保養地チェーン。かつては最大10か所で営業していたが、現在は3か所に縮小されている。

ろかぼくの意見にまでひどくこだわる男だった。「どう思う？　ぼくはいいものを売っていると思うかい？」と彼は、必死の形相で訊いてきた。するとインタヴューのなかばあたりで、奥さんから彼に電話がかかってきた――ちゃんと話せているかどうかを確認するために。

彼はただ、利益だけにこだわる男ではない。自分のビジネスについて語りはじめたときも、持論や構想をとうとうと述べ立てながら、ちょくちょく不信感を織り交ぜていた。「どうしていちばん奥にしまってある思いを、きみに打ち明けなければならないんだ？」と彼はいった。「軽くちょっかいを出しているだけで、当事者じゃないきみに、理解できるわけがないだろう？」

ぼくはこうした理由から、彼のことを魅力的だと考え、好感を抱くようになった。彼からはとことん狂信的な部分と、ほんものの想像力が見え隠れしていた。「教えてほしい」と彼はいった。「正直、ぼくはどこまで行けると思う？」ずっと遠くまで、とぼくは思った。

リッチモンドで彼は、アイヴィー・リーグを模した似非アメリカーナを売り、客は大部分が後期のモッズだった。１９６７年にチェルシーに移ってからも同じスタイルを貫き、そこそこの利益を上げていたが、とくに話題になるようなことはなかった。

しかしその2年後には、キャンパス・ルックから撤退しはじめ、代わりに〝旧世界《オールド・ワールド・》の英国紳士《イングリッシュ・ジェントルメン》〟というスタイルを打ち出した。奇抜さがいつまでも持つわけがないし、カーナビー・ストリートのドラァグも、じきに失速するにちがいないと考えたのである。彼はほかのだれよりも早く、60年代が新時代の夜明けではなく、ほかの年代と同様、いずれは消え去るひとつのムードにすぎないことを見抜いていた。

そこで彼は逆の動きに出た。店のウィンドウをシルクではなく、ツイードやウールの地味なスーツでいっぱいにし、そのすべてにヴェストをつけたのだ。スリムで丈の長いスーツは、60年代以前の仕立てとはちがっていたものの、〝ポップ〟らしからぬ落ち着きと優雅さをたたえ、価格も25ポンドから30ポンドと安価だった。総じて過去を感じさせるスタイルで、チューダー朝風の建材で飾られ、ザ・スクワイアやサッカレーなどと命名されたクウィントナーの店は、すみずみまで統一感のあるムードに包まれていた。「気の効いた店で気の効いた品を、気の効いたやり方で売るのは気の効いたことじゃないかと思ったんだ」とクウィントナーは語っている。するとカーナビー・ストリートや、ウェイ・イン、キューといった大手のブティック、そして市外のブティックも、そうした雰囲気を採り入れはじめた。だれもがペダルを逆にこぎはじめたのだ。

冒頭の段落との関連でいうと、これはC地点からB地点に逆もどりする、前衛部隊による見直しだが、同時にA地点から前に進む、大々的な動きもはじまっていた。ファッションが落ち着きを見せるかたわらで、一般の服装がスピードアップしはじめたのだ。1970年になると、大手の小売店やメーカーもやっとのことで目を覚まし、業界誌を開くたびに、どこかの会社が新鮮な才能を招き入れ、多少なりとも自分たちに活を入れようとしているような感じがした。なかでも依然として最大手のチェーン店で、510の店舗を構え、英国で小売りされるスーツの25パーセントを売り、5000万ポンド前後の年商をあげていたモンタギュー・バートンのやり方は徹底していた。彼らは一団の若い幹部社員を新たにリクルートし、自分たちの抱える問題――化学繊維の使用、既製服の拡大とそれにともなうオーダーメイドの縮小、カジュアルウェアの増加――を一気に解決しようとした。2000年を見越した青写真も用意され、バートンの店は1、2年のうちに、イメージと中身の両面で大きく変化するだろう。ファッション市場全体を見渡し、ほかの店で買いものにするようになっていた若者たちにも、根気強くアピールしつづけるはずだ。「わたしたちがファッションをリードすることはないでしょう」と新たにグループの営業部長になったピーター・ゴーブは語っている。「ですが、できるだけ離されないようにしたいと思っています」

それは大きな前進だった。もしバートンが動けば、競合他社も動かざるを得なくなる。となれば70年代に、英国の男性たちがようやく身体に合ったスーツ、自分たちの体型に即した服を手にできるようになる公算は大きい。

すでに変化ははじまっている。とりたてて意識していなくても、あらゆる年齢や階級の男性が、自分の外見により興味を持つようになってきたのだ。はじめて彼らはそれに気づき、しかもとくにまごつくようなことはなかった。

決してある朝、目覚めとともに〝よし、ぼくはピーコックになるぞ〟と思い立ったわけではない。じょじょに、ほとんど無意識的に、彼らはそうなっていた。パターンの入ったネクタイでオフィスに向かい、ゾウのようなしわにまみれていないズボンを買い、ぼくが話を聞いた床屋によると、髪を以前より1インチ長く伸ばすようになった。彼らは努力していた。その割合は？　およそ半分、とうちのいちばん近所にあるバートンの店長は話していたが、それにも増して重要なのは、若者たちがそうした努力を、見たところ自明の理として受け入れていることだった。

むろん、それはすべて非常に英国的な現象で、とても劇的とはいいがたかった。突然の目覚めも、大騒ぎも、革命もない。だがカラー・シャツの事務員がひとりいることのほうが、カーナビー・ストリートとキングス・ロードを全部合わせたよりも大きな意味を持ち、国民の態度に奥深い変化があったことを、より明確に伝えていたのだ。

70年代がはじまると60年代のポップに対する揺りもどしが起きる。ジェフリー・クウィントナーの店はキングス・ロードで地味なスーツとヴェストを売りまくった。しかし、60年代に進んだ変化は確実に英国紳士の意識を変革していた。

23章　サヴィル・ロウの現在——消えゆく職人たち

70年代がはじまるころには、サヴィル・ロウもある程度落ち着きを見せていた。早晩つぶれる定めにあったメーカーは淘汰され、逆に生き残ったメーカーは、永遠につづきそうな気配を漂わせていたのだ。テーラーはもはや流行の発信地ではなく、権威もまったく持ち合わせていなかったが、アメリカ人観光客相手の商売は健在で、着ているとなかば去勢されるか、バラバラになりそうな気がしてくる、ペプシ族の奇抜な思いつきにようやく飽きてきた英国の金満層も、ぽつりぽつりともどって来くるようになっていた。まだ状況が大きく変わるほどのことではなかったものの、それは励みになる兆候で、メーカーの士気も高まっていた。「たとえカーナビー・ストリートが駐車場になったとしても」とあるテーラーはぼくに告げた。「サヴィル・ロウは健在でしょう」

いっぽうで〝ポップ〟の侵略もつづいていた。ブレイズはいうまでもなく居残っていたし、ミスター・フィッシュはすぐそこまで迫り、エリック・ジョイやピーター・ゴールディングほかの面々もいた。新参者のなかでもっとも遅くやって来たのが*トミー・ナッターで、彼は現在、この街きってのファッショナブルなテーラーと目されている。

ナッターは27歳。エッジウェア出身のハンサムな若者だが、その彼をなんとも興味深い存在にしているのが、甘いほほえみ以外、なんの売りものもない状態で店をはじめたことだ。デザイナーの経験も、仕立屋の経験も、裁断師の経験もなく、ビジネスマンだったこともない——実のところ、店を開く前の彼は、いっさい成功と縁がなかった。去年までは*バーリントン・アーケードのセールスマンをしていて、影響力や資金力は皆無だった。だが彼はコネをつくり、野心的になることを学んだ。すると突然、*シラ・ブラックとアップルの*ピーター・ブラウンがうしろ盾につき、ナッターはスーツ1着あたり95ポンドの値段でサヴィル・ロウの店をスタートさせた。

彼自身はなんの説明もしていない。本人に問いただしても、単に笑みを浮かべ、恥ずかしそうな顔をするだけだった。「わかりませんね。どうしてああいうことをしてくれたのかと訊かれても、ぼくにはなにもいえないんです」と彼は小声でつぶやいた。

*トミー・ナッター Tommy Nutter（1943〜1992） サヴィル・ロウのスーツに新風を吹きこんだ英国のテーラー。ビートルズのほかにもミック・ジャガーやエルトン・ジョンが贔屓にしていた。アルバム《アビイ・ロード》のジャケットでは、ジョージ以外のメンバーがナッターズのスーツを着ている。70年代に入ると既製服にも進出し、この分野でも成功を収めている。

The Beatles / Abbey Road

*バーリントン・アーケード 老舗が軒を連ねるロンドン最古の屋根つきショッピング街。

「ぼくを信用してくれたんでしょう。この男ならきっと成功する、と。たぶん、ぼくのことが気に入ったんじゃないでしょうか」

人間的な魅力と柔和な笑み――95ポンドの値段をつけるのは、それ自体、べつに大したことではない。だがそれは今現在のハイ・ファッションの成り立ちを、如実にあらわしていた。伝統的なトレーニング――経験、スキル、プロ意識――は、デメリットとまではいわないまでも用をなさない。必要なのはひたすら、格好のよさだった。

皮肉にもナッターは、極上のスーツを送り出した。無理にそうする必要はなかった。というのも彼の客は、もっぱら新しさを気にかけていたからだ。だが彼はやってのけ、作業場では第一級の裁断師たちが、裾が長くて襟幅の広い、躍動感あふれる、真のエレガンスをたたえた3ピースのスーツをつくっていた。

とはいえフルオーダーの世界では、実際の服は基本的に二の次にされてしまう。なによりも重要なのは儀式であり、そうした時代を超えた部分や嗜好の面で、トミー・ナッターやその仲間たちはまだ、老舗のメーカーに追いつけていなかった。

サヴィル・ロウの伝統は、ふたたび価値を持ちはじめていた。そこがいまだにファッションを支配し、メンズウェアを足止めしていた10年前には、尊大で偏狭なデスマ

＊シラ・ブラック Cilla Black（1943〜2015） ビートルズと同様、ブライアン・エプスタインが売り出したリヴァプール出身の女性シンガー。〈恋するハート〉、〈私のすべて〉ほか数々のヒット曲を放ち、TVの司会者としても活躍した。

＊ピーター・ブラウン Peter Brown（1937〜） エプスタインの側近で、彼の死後はビートルズが設立したアップル・コア社の取締役を務めた。彼らのヒット曲〈ジョンとヨーコのバラード〉の歌詞にも登場する。

スクとして、嫌悪の対象となっていた伝統である。だがパワーが消え去った今、それがむしろロマンティックに思えてきたのだ。その意味では王座を追われたスラヴの小君主に似ていなくもない。かつては権勢をふるっていたものの、今では慎ましい生活を余儀なくされて、運転手《ショーファー》か映画館の案内係をしているパターンだ。だがそうした零落ぶりが、逆に別の時代からの生き残りとして魅力的に映るようになり、いにしえの貴族やゼンマイ式の蓄音機のように慈しまれていた。「以前は父親が来ていたからという理由で、ここにやって来る人がほとんどでした」とハンツマンの会長、エドワード・パッカーは語っている。「ですが今はもっと意識的に選ばれるようになっています――ほとんど、象徴のような場所として」

個々のテーラーを紹介しても、あまり意味はないだろう――なぜなら重要なのは、この界隈全体の仕事ぶりだからだ。だがとくに優れた店や有力な店をひととおり挙げるとすると、サヴィル・ロウのハンツマン、ハノーヴァー・スクエアのビリング&エドモンド、そしてドーヴァー・ストリートのキルガー・フレンチ&スタンバリーといったあたりだろうか。

キルガー・フレンチの会長は、パリで18年間テーラーを営み、レジスタンスの一員としてレジオン・ドヌール勲章を受け、戦後、ロンドンにやって来たハンガリー人のルイス・スタンバリーだ。長年のあいだにサヴィル・ロウのスポークスマン的存在となり、男性ファッション協会を通じて、さまざまな声明を発表してきた人物である。小さな口ひげをはやし、ポケットのなかには指ぬき、そしていまだに強いハンガリー訛りがある現在60歳の彼は、ハイマン・カプラン*型の多弁家だ――だらだらとまとまりなくしゃべりつづけるが、先見の明があり、はっとさせられることも珍しくない。

とくに印象的なのは、彼が描写するテーラーの仕事だ。「わたしは男らしさを信じている」と彼はいう。「40を越えた男はみんな、引退した大佐のような見てくれになりたがる。つまりハゲでデブの小男をアドニスにするのが、わたしの仕事ということだ。奥さんはたいてい年下で、結婚したのは金が目当てだが、男のほうはそれを知らない。ロナルド・コールマン*のような見てくれになりたがっているが、奥さんは庭師と浮気している。

ハゲでデブの小男は、古いツイードのジャケットを着ている。ブカブカの、肘当てがついているようなやつだ。そこで奥さんは男に『あなたはハゲでデブの小男よ』と告げる。

というわけで男はわたしのところにやってくる。そいつを男らしくしてやるのがわ

*ハイマン・カプラン　ユダヤ人作家のレオ・ロステンが生み出した小説のキャラクター。やたらとよくしゃべるのが特徴。

*ロナルド・コールマン　Ronald Colman（1891～1958）〝コールマン髭〟で知られる英国の俳優。ロマンティックな役柄が多かった。

たしの仕事だ。たやすいことではないが、やるしかない。そこで美しいスーツをつく

ってやると、男はロナルド・コールマンのような見てくれになる。そして男はシャンペンと花を買う。奥さんはネグリジェ姿で、ベッドに横たわっている。男は勢いよくドアを開け、美しいスーツ姿で部屋のなかに立つ。ついに、奥さんはしあわせになる。『ああ』と彼女はいうんだ。『あなたがチャンピオンよ!』」

スタンバリーのオフィスを出ると、壁にはパターン入りのバッグがいくつも吊され、その表面には異国風の名前がプリントされている――アドナン・カショキ、アミン・アガ・カーン王子、ガエターノ・カルカチ公爵、カマル・アドハム閣下、日本の皇太子、ギィ・ド・ジョンシ&ジハルド子爵……。「サヴィル・ロウのメーカーは馬鹿ばっかりだ」とスタンバリーはいう。「変わろうとしないから、つぶれてしまう。連中は毎日バーに通い、午前3時まで帰ってこない。それに客が望むものを、提供しようともしない。昔ながらのやり方にこだわり、やたらと伝統を口にする。じゃあほんとうのところをいってやろうか。連中は根っからの怠け者なんだ。

それに『父親にとってよかったものは、ぼくにとってもいいはずです』という、あの馬鹿げたいいぐさときたら。ハンガリーにいたわたしのじいさんは、熱したレンガで足を温めていた。でも今そんな真似をしたら、頭がおかしいと思われてしまう。代

わりにガスや電気があるからだ。もし暖房がレンガしかなかったら、わたしも『寒くて凍えそうだ』とさんざん文句をつけるだろう」

彼自身はずっと進歩派を通してきた。たとえばサヴィル・ロウではじめて、ジャケットにサイド・ヴェンツをつけたのは彼だ。「14年前のことだった」と彼はいう。「わたしはカムデン・ヒルのバーにいた。わたし自身は完全な禁酒主義者だが、その時は若い女性といっしょで、とりあえず、フルーツ・ジュースを飲んでいたんだ。で、ふと顔を上げると、太りすぎの若者が背を向けて立っていて、尻のまんなかにはプリーツが入っていた。

そいつはわたしの目の前で前かがみになり、おかげでその身体のいちばん醜悪な部分があらわになった——底辺《ボトム》がはっきり見えたんだ。

そこではたと気づいてね。もしサイド・プリーツがあれば、この太った若者が同じことをしても、ジャケットが身体といっしょに動いてくれるから、醜悪さをさらすこともなかっただろう。わたしにはそのすべてが見えた。ピンと来たんだ」そのひらめきは正しかった。〝恥止め《バガー・バフラー》〟とも呼ばれたサイド・ヴェンツはすぐさま人気を博し、以来、ファッションの定番となっている。

自分の会社の財政状況については、当然のように口が堅いスタンバリーだが、苔のようなカーペットや、無限のマホガニーと赤い革を見ると、とても逼迫しているとは思えない。現にここでは客を集めることよりも、徒弟が集まらないことのほうが問題となっているようだ。「一人前になるまでには5年かかる」とスタンバリー。「わたしがまだ若かったころは、そこいらじゅうに仕立屋がいたものだが、今はもう待ちきれないらしい。キャリアよりも金をほしがっているんだ」

といって今の若者たちを責めるわけにはいかない。たとえ徒弟時代が終わっても、仕立業は依然として非常に過酷な商売なのだ。たとえばエリック・ジョイやこのスタンバリーのように、出世を遂げてみずから起業するケースがないわけではない。だがそれはごく稀な話で、下働きのテーラーはたいてい低賃金にあえいでいる——週に25ポンドならまだマシなほうだろう。しかも今の雲行きからすると、この先はますますケチくさくなりそうだ。「水準はひどく低下している」とジョイは語る。「1950年には13ポンドでコートを2着つくることができた。だが今は15ポンド払っても1着しかつくれないし、それでいて仕上がりのよさは、3分の2程度なんだ」

職人不足は最終的に、フルオーダーの死滅を招くだろう。何人かの顧客はつねに残されているかもしれないが、この仕事自体はやがて、干上がってしまうはずだ。次の世代、あるいは次の次の世代ぐらいまでなら、なんとか引き継がれるかもしれない。

仕立業には世襲の部分が大きく、めんめんと受け継がれてきた伝統が、そうやすやすと死に絶えるとは思えないからだ。だがいずれはかならず廃れるはずだし、今世紀の終わりにはもう、ほぼ絶滅しているかもしれない。

この商売と近しい関係にある靴下や帽子や靴づくりの業界も、程度の差こそあれ、ほぼ同じような問題を抱えている。そのなかでもっともうまく行っているのが、おそらくシャツ・メーカーだろう。なぜならそこで必要とされる仕事はさほどキツくなく、女性でもこなせるようなものだからだ。だがここでもやはり、バランスは微妙だった。

ジャーミン・ストリートではハーヴィー&ハドスンが、ターンブル&アサー、ニュー&リンググッドと並んでもっとも堅調なメーカーのひとつだ。そしてクリフォード・ストリートでは、エドワール&バトラーが一頭地を抜いている。ここでは手づくりのシャツを8ポンドから10ポンドで売り、顧客の半分以上はアメリカ人だ。観光客が来つづける限り、彼らは安泰だろう。だが英国人相手の商売しかできなくなったら、たんに沈没してしまうはずだ。「戦後、店をはじめたころは、紳士やクラブ会員といったトップクラスのお客様ばかりでした」と共同経営者のジェフリー・ハーヴェイは語る。「ですがもうどなたもいらっしゃいません。紳士階級は死に絶えてしまったんです」

手づくり商売のなかではもっとも古くさく、またもっとも大きく打撃を受けているのが製靴業だ。第1次世界大戦前は、ウエスト・エンドだけで30軒以上の製靴業者が営業していた。現在は4、5軒しか残されておらず、そのなかでもっとも格式が高いのはセント・ジェイムズのジョン・ロブだが、もっとも質が高いのは、コーク・ストリートの地下室で営業しているクレヴァリー*だ。

実をいうとクレヴァリーはふたつある。新しいほうの店をやっている甥は顧客の家を訪ね、客がのんびりとくつろいでいるあいだに、靴をフィッティングする。いっぽうでその叔父は、おそらく今現在、もっともすばらしい靴をつくり出す名匠だ。

彼の地下室はみすぼらしい小部屋で、壁はバルサ材の靴型でおおわれ、照明は最小限に留められている。当のクレヴァリーは白いエプロン姿のひょろっとした老人で、将来には悲観的だ。「手づくりの靴は4、5年で、手に入らなくなるだろう。職人がいなくなるからだ。去年はいちばんの腕利きが3人辞めた。ひとりは75歳で、もうひとりは73歳だった。代わりはまだ見つかっていない」

彼は実験的なタイプではない。「自分を安く売るような真似はしたくない。今の靴は不様で農具のようだ。ウエスト・エンドの靴とは呼びたくない」というわけで彼の靴は昔通り、大半が黒い子牛の革でつくられ、ひもがあり、かかとは平らで、足のよ

*クレヴァリー
ここで触れられているのはジョージ・クレヴァリー（George Cleverley〔1898～1991〕）がやっていた靴店のこと。靴職人の家庭に生まれた彼は、93歳を目前にして亡くなるまで、ひたすら靴をつくりつづけた。

うに無骨なかたちをしている。だが驚くほど軽くて柔軟性に富み、ほぼ永久に長持ちする。値段は1足あたり30ポンド前後だが、きちんと手入れをすれば、15年は無傷のままだろう。

どの靴も4つの段階を踏んで完成する、ちょっとした大作だ。まずは足の形を木で彫る靴型職人《ラスト・メーカー》。次に革を裁断するクリッカー。その次にさまざまなパーツをひとつにまとめ、縫製のお膳立てをするクローザー。そして最後に靴職人《シューメーカー》が、週に2、3足のペースで靴を完成させるのだが、報酬は1足あたり7ポンドにすぎない。

その仕上がりは技術面でも美しさの面でも、これ以上は考えられないほど完璧で、寿命の長さを考えると、高価と口にするのもはばかられるほどだ。「同じことだ」とクレヴァリーはいう。「美しいかもしれないが、もう終わっている。あるいはいずれ、そうなってしまうだろう。今はもうなにもかもが、まともじゃなくなっている」

かくしてすべては終わるべくして終わる。なんともロマンティックな話ではないか。陽に照らされた6月の朝に、クリフォード・ストリートもドーヴァー・ストリートもジャーミン・ストリートも、エドワール&バトラーのウィンドウに飾られたクラヴァットやマクルズフィールド産のシルク・スカーフも、僧正のようなテーラーたちがいるキルガー・フレンチの静けさと安心感も、そしてクレヴァリーの地下室の消えゆく光も。これはすべて真実だ。だが同時に屋根裏や奥の小部屋には、モグラ並みに目が悪く、週に15ポンドで暮らしている男たちがいる。「紳士も悪くないだろう」とエリック・ジョイはいう。「だがこっちが半分飢え死にしかかっているときは別だ」

24章　新しいスーツを買うたびに

この本を書いていたとき、ぼくは2日ばかりマンチェスターに出向き、街角に立って、通りかかった男性の服装を逐一チェックした。ロンドンを拠点にしていると、どうしてもバランスを見失い、ついついチェルシーやシックな雑誌を基準にしてしまいがちだからだ。そこで実際にはどの程度変わっているのかを、この目でたしかめてみようと思ったのである。

いうまでもなく、そこに科学的な根拠はない。単にぼくが、好奇心に駆られたというだけのことだ。流行に目ざといティーンエイジャーや、バッチリのイカしたファッションには関心がなかったので、階級や年齢や好みが極端なケースはすべて無視し、多数派に専念した——いわゆる中流の英国男性に。

では実際に、なにが変わっていたのだろう？　手短に答えると、実に多くが、となる。ぼくの前を通りすぎた男性の半数は、10年前に比べると細身のズボンをはき、より身体にフィットしたスーツを着ていた。４人に１人は色を使い——パターン入りのネクタイや、色鮮やかなシャツ——10人に約１人は明らかに、わざわざ手間をかけてドレッシーな服装をしていた。

だがスタイルの実際の変化は、ぼくからすると二義的な関心事でしかない。ほんとうに知りたかったのは、服装を通じて表現される英国人男性の自己イメージだ——その公的なパーソナリティは、どんな風に刷新されてきたのか。戦前の男性の服装は、〝わたしは英国人、ひいては紳士だ〟という宣言だった。ではそれは今、なんといっているのだろう？

この答えは、もっと複雑だった。まずはっきりしていたのは、年長の男性たちにほとんど変化が見られなかったことだ。１９３９年以前に好みが形成された、40代なかば以上の男性の場合、そのメッセージは基本的に一貫していた——見苦しくなく、控えめで、目立たない存在でいたい。彼らが明るい色のネクタイをしていたとしたら、それは基本的にそうしたネクタイが広く受け入れられ、自分たちの匿名性を脅かす心配がなくなったからだった。

しかし若者たちのあいだでは、たしかに変化が起こっていた。ただしそれはカーナビー・ストリートやメイン・ストリート的な意味でいう革命とはほど遠いものだった。いまだに個性を表明することはなく、セックスを表に出したり、異彩を放とうとしたりすることもない。その服装は依然として、〝ぼくは普通の男です〟と主張している。そして彼らは依然として、共通のパターンに従っていた。

だがそのパターン自体が新しかった。そこで起こっていたのは大雑把にいうと、服装の脱道徳化だ。もはや行動基準や信頼性や社会的地位に縛られることはない。以前のように服装が、〝わたしは信用できる人間です〟と宣言することはなくなった。代わりにそれはひとことでいうと、**〝わたしは成功者です、あるいはそうなれます〟という声明になっていたのだ。**

この傾向は予想通り、若ければ若いほど高くなり、完全にそうだといい切れるのは、20代以下の男性たちだけだった。しかし程度の差はあっても、40代前の男性全般から、同じような雰囲気が感じ取れた。少なくともその服装が機能性を重視し、生まれながらの地位をあらわす意図がないことは伝わってきた。といってもその人物の出自や、稼ぎがわからない服装という意味ではない。それはその人物がどうなりたいと思っているのかがわからないという意味で、階級を超越した服装だった。本物の労働者階級、すなわち実際に手や筋肉を使って仕事をしている人物でない限り、仕事着で職業を知ることはできなくなっていたのだ。

3日後、これで現実との差をある程度埋めることができたと考えたぼくは、そこそこ満足した気持ちで出発の準備をしていた。ところがその瞬間、ほとんどあと知恵のように、もっと根本的な問題に気づいた——英国人男性はもはや、英国人男性らしい装いをしていなかったのだ。

だれとも変わらない格好という意味ではない。彼らは決してフランス人や、ドイツ人や、アメリカ人を模倣してはいなかった——かりに海外に出かけたら、すぐさまそれとわかるだろう。だがそれはもはや、問題ではなかった。戦前は〝わたしは英国人だ〟という意識が男性のあらゆる服装の基盤にあり、そこから伝統の感覚や威厳に対する欲求といった二義的な特徴が生じていた。それはひとつの護りだった。だがその護りは今や、消え去っていた。現在のユニフォームは宣言ではなく、〝わたしは英国に暮らしているので、その服を着ています〟という、単なる承認と化している。それ以上の意味はいっさいない。

ぼくにはこれこそが、戦後、男性のファッションに起こってきたすべての根底にある、最重要ポイントなのではないかと思えてきた。表面上は解放されたように見えるかもしれない。だが実はそうではない——以前の規律がべつの規律に取って代わられただけなのだ。戦前には英国らしさと、その英国らしさから生じる安心感があった。だが今では英国らしさの価値が低下し、安心感も消え去っている。それに応じて服装も、安定をあらわすものではなくなった。かつて、服装は社会に受け入れられていること、そして自分の居場所をわきまえていることの証しだった。だがそれが1970年には、もっぱら自己の改善をアピールするようになっていたのである。

たとえばぼくはマンチェスターで、服装が意識的なレヴェルではどういう意味を持つのかを知りたくて、男性たちに質問をぶつけてみた。解答の90パーセントは予想通りまとまりがなく、役に立たなかったが、たった1度だけ、そうした訥々とした言葉をすべて、まとめ上げているのではないかと思える返答を得ることができた。パブでぼくは、31歳の研究化学者に出会った。既婚で2人の子どもがあり、週におよそ40ポンドの稼ぎを得ている。流行を追うタイプではないが、スーツを8着所有し、それらはいずれもバートンで、念入りに選んだものだった。彼はそれらのスーツを物としてではなくシンボルとして重視し、1着1着の購入を重要なイヴェントと見なしていた。

「新しいスーツを買うたびに」と彼はいった。「昇進したような気分になるんだ」

山高帽　197
ボウリング・バッグ　149, 153
ボー・ブランメル　1, 21, 144, 178
ボードレール　171
ポール・マッカートニー　189, 231, 238
ポップ　54, 171, 173, 186, 228, 318
ポップ・アート　151, 299
ポップ・カルチャー　23
ボニー&クライド　27, 242
ボヘミアニズム　98
ボヘミアン　7, 13, 14, 56, 87, 89, 92, 158, 170

【マ行】
マーク・ボラン　146
マーロン・ブランド　86, 92
マイケル・ケイン　189
マイケル・フィッシュ　191, 192, 213, 228, 273, 274 ～ 280, 285, 296
マイケル・ベントレー　70
マイケル・レイニー　170 ～ 174, 188, 225 ～ 228, 272
マリー・クヮント　58, 78, 152, 245, 264
ミスター・フィッシュ　188
ミック・ジャガー　162, 163, 168, 175, 200, 240, 275
民族衣装的なファッション　260
メーキャップ　37, 150, 162
眼鏡　195, 196
モダン・ジャズ　73, 74
モッズ　141 ～ 157, 299, 311

【ヤ行】
ユニセックス　294

【ラ行】
リージェンシー・ルック　178
リーバイス　85, 105, 147, 260
流行遅れ　279
リンゴ・スター　119, 238
ルイス・スタンバリー　321
ルパート・ライセット・グリーン　184 ～ 187, 190
レジャーウェア　110
「レディ・ステディ・ゴー!」　119, 148
ロード・パトリック・リッチフィールド　178
ローリング・ストーンズ　148, 161 ～ 164, 228, 232, 234
ロジャー・ムーア　70
ロッカーズ　52, 86, 153 ～ 157, 285, 302
ロックンロール　50, 54, 86

【ワ行】
ワイト島ポップ・フェスティヴァル　155, 261

トミー・ロバーツ　235
トム・ギルビー　249, 250, 255, 304
ドラァグ　106, 109

【ナ行】
ナチス　250
ニットウエア　83
ネクタイ
　赤色　11
　明るいパターン　204, 330
　ヴェルヴェット　99
　カラー　15
　クラヴァット　3, 42
　シャルベ　10
　白色　82
　手描き　27
　手塗り　242
　ニット　150
　花柄　236
　ブロケード　169
　細身　76, 79
　ワイドスプレッド　192, 233, 273, 277
ネクタイピン　30, 49, 143, 144
ノエル・カワード　189
ノーマン・ハートネル　129
ノーマン・メイラー　93

【ハ行】
パーカ　150
ハーディ・エイミス　70, 129, 130, 244
パウエリズム　305
バニー・ロジャー　36
パブリック・スクール　41, 94, 130, 171
バリー・セインズベリー　279, 293, 296
ピーコック族　1
ピーター・ゴールディング　249, 251
ピーター・フォンダ　196
ピーター・ブラウン　318
ビーチウェア　292
ビート　310
ピート・タウンゼンド　266
ビートルズ　118, 159～161, 175, 237, 238, 241
ビート族　87, 88, 158, 159, 166, 229
ピエール・カルダン　134～137, 140
ピクウィック・ハット　5
美術学校　36, 56, 57, 159～166
ヒッピー　170, 196, 225, 229～232, 257, 258
ヒップ　93, 165, 231, 232, 271, 280
ヒップスター　231
ヒップスター・パンツ　106, 123
ビル・グリーン　104～107, 110～113
ブーツ　194, 301
　キューバン・ヒール　87
　チェルシー　87, 119, 194
　ニーハイ　226
　ハイ　192
　フォール&タフィン　245
復員服　24, 233
ブティック　117
ブライアン・エプスタイン　120, 160, 238
フラワー・チルドレン　236
フラワー・パワー　236, 241, 257, 258, 274, 300
フランシス・ベーコン　92
ブリーフ　104, 105
ブリオーニ　69
プリティ・シングス　164
フリンジ　187, 239, 260, 284
プリンス・オブ・ウェールズ・チェック　9
ヘア・スタイリスト　165, 269
『ヘアー』　271
ヘアスタイル
　クルーカット　48, 301
　ダックテイル　48
　ちょう長髪　158, 159, 229, 281
　ボストン　48
　リーゼント　48
ヘルズ・エンジェルズ　86, 303
ベルト（巨大なバックルつき）　226
帽子　197～200
　キャップ　→キャップ
　シルクハット　197
　トリルビー　197
　ピクウィック・ハット　5
　ビッグ・ハット　199
　ホンブルグ帽　9

ジョン・マイケル　264
ジョン・マイケル・イングラム　77
ジョン・レノン　160, 196, 238, 303
シラ・ブラック　318
シリル・レイ　64
シルクのスカーフ　238
紳士気取り　18
スウィンギング・ロンドン　103, 184, 212, 290
スーツ
　3ピース　222, 309
　アメリカン　73
　カルダン　77
　サイレン　5
　サファリ　220, 249, 254, 279, 293
　ジャンプ　220
　ネルー　187
　ビートルズ　77, 136
　モッズ　77
　モヘア　149
ズート・スーツ　30, 48, 73, 82
スカーフ　43, 231, 233, 238
スキンヘッド　300〜306
ズボン
　足首丈　301
　アメリカの細身　9
　ヴェルヴェット　258, 266
　オックスフォード・バッグズ　15
　クラッシュト・ヴェルヴェット　239
　コーデュロイ　40, 92, 123, 179
　サテン　293
　スエード　107, 108
　ジーンズ　→ジーンズ
　ドゴニールツイード　268
　ニット　292
　ピチピチ　98, 101, 200, 259, 273
　ぶかぶかの　13, 94, 205
　フレア　172, 192, 268
　細身　9, 31, 42, 51, 57, 75, 76, 79, 149, 154, 330
　もも幅の広い　238
　ゆるい　131
　レーダーホーゼン　11
セーター
　クルーネック　85
　シェトランド　268
　タイトニット　293
　Vネック　84
　フェアアイル　9, 239
セシル・ジー　25〜30, 68, 72
セシル・ビートン　11, 12, 38

【タ行】
大衆市場　28
タイ・ダイのTシャツ　260
大量生産　63〜66, 252
ダギー・ミリングス　136, 137
ダグ・ヘイウォード　188
ダンガリー　286
ダンスバンド・ユニフォーム　72
男性ファッション協会　61, 63, 64, 67, 69, 321
ダンディ　4, 7, 8, 35, 60, 144, 174, 182, 183
ダンディズム　2, 98, 170, 171, 179, 182, 225, 227
耽美主義　38
耽美主義者　7, 10〜14, 99
チェーン・ストア　206
チェット・ベイカー　73
チェルシー族　95, 101
チップス・シャノン　5
ツイード　4, 42, 45, 83, 135, 312, 321
　ドゴニールツイード　268
　ハリスツイード　16, 144
ツイッギー　233
Tシャツ　113, 151, 162, 212, 233, 251, 258, 260, 286
ティーンエイジ　46, 51, 87, 115, 119, 120, 141, 147, 153, 166, 235, 240, 305
ティム・グレイザー　198
ディラン・トマス　92
テーラー・チェーン　18, 29
デカダン　148
デカダンス　184
テッズ　47, 54, 55, 302
テディ・ボーイ　45, 48, 49, 59
デニム　57, 113, 118, 163, 301
トミー・ナッター　318, 319

246, 272, 303
クリフ・リチャード　82, 115, 122
軍服　36, 40, 231, 233, 235, 238
軍放出品　25, 39, 150
コート
　オーヴァーコート　35, 169, 192
　カーコート　131
　ショートコート　131
　ダッフルコート　5, 25, 43, 89
　フロックコート　233
　マキシコート　16, 143, 220, 268, 277, 293
　ランサー（騎兵風）コート　206, 253
コサック・シャツ　239

【サ行】
ザ・フー　151, 299
サイド・ヴェンツ　323
サイモン・ホジスン　95～97, 100, 101
サヴィル・ロウ　8, 33, 61～65, 187, 190, 285, 317～328
サンレモ男性モード・フェスティヴァル　68, 74
ジーンズ　56, 57, 84～87, 110, 258
　フレア　233
ジェイムズ・ディーン　92
ジェイムズ・レイヴァー　3
ジェフリー・クウィントナー　309
ジェリー・マリガン　73
シドニー・ブレント　220, 221
ジミ・ヘンドリックス　239, 243, 266
ジム・マッギン　196
ジャクソン・ポロック　93
ジャケット
　アイヴィー・リーグ　84, 150
　インド風　238
　肩なし　76
　カルダン　136, 140
　革　122
　キャンヴァス　288
　シープスキン　258
　シングル　31, 35
　スエード　123
　スポーツ　131
　セーター　131
　ダブル　9, 27
　ツイード　321
　デニム　57
　トロピカル　249
　ノーフォーク　63
　ハイ・ボタン　143, 238
　バックスキン　239
　花柄　236
　細身　184
　ボックスシルエット　52, 75
　丸首　119, 122, 124, 136, 137, 140
　緑色のツイード　42
　ゆったりした　49
　ユニオンジャック　151
シャツ　191
　ヴォイル　244
　開襟　57, 238, 301
　カウボーイ　260
　カラー　26, 204, 314, 330
　黒色　82
　コーデュロイ　123
　コサック　239
　サテン　40
　シルク　36, 233, 277
　ストライプ　79
　スペアポイント　27
　スポーツ　31
　タブカラー　206
　チェック　84, 301, 303
　テクノラマ　273
　トルコ風　99
　花柄　226, 236, 259
　ピンク　162, 186
　フリル　6, 143, 178, 233, 293
　プリント　226
　細身　192, 200, 208, 268
　ボタンダウン　76, 79
　ライラック　113
　ラウンド・カラー　147
ジャック・ケルアック　87, 310
ジョージ・ハリスン　238
ショート・パンツ　249
ジョニー・ミントン　92
ジョン・スティーヴン　28, 80, 112～119, 122, 125, 128, 213, 215 217

索引

【ア行】
アーヴィン・セラー　217
アイヴィー・リーグ　311
アッカー　89
アノラック　150, 258
アフロ　243
アメリカン・ルック　27, 30, 31, 78
アレン・ギンズバーグ　87, 160
アンドルー・ルーグ・オールダム　121, 162, 167
イーヴリン・ウォー　10
『イージー・ライダー』　271
イートン校　185
イタリアン・スタイル　147
イタリアン・ルック　31, 52, 68, 74 〜 77, 82
インターナショナル・ボーイズ&メンズ
ウェア・エキシビジョン　69, 90
ウィンストン・チャーチル　4, 89
ウーステッド　143
ウェスタンのスタイル　57
ヴェスト
　18世紀　169
　ヴェスト　284, 309, 312, 316
　ヴェルヴェット　178
　華美　15, 49
　黒革　147
　白色　9
　スパンコールつき　53
　ダブル　99, 143
　チェック　42
　パターン入り　35
　復活　309
　ブロケード　10, 34, 37
　フロッグつき　172
ウォーレン・ゴールド　217
エディンバラ公　63
エドワーディアン　41
エドワーディアン・スタイル　38
エドワーディアン・ルック　35, 37, 60
エドワード・ロイド　249, 253 〜 256
エドワードⅦ世　8, 9
エドワードⅧ世　8, 12
エドワード朝　42, 43
エドワード朝時代のリヴァイヴァル　41
エリート軍人　33, 35, 38, 41
エリザベス女王　12
オジー・クラーク　245
オスカー・ワイルド　10
オックスフォード・バッグズ　15
『俺たちに明日はない』　242

【カ行】
カーディガン　86
　ウール　205
　カシミア　83
カジュアルウェア　84, 86, 205
カフタン　187, 238, 283
家父長制　3, 54, 62
カミナリ族　86, 87, 154, 302
カラー
　ウィング　42
　ヴェルヴェット　35
カントリー&ウエスタン　260
カントリー・ロック　260
キース・リチャード　240
キム・ウォーターフィールド　99
キャップ　192, 198
　ヴェルヴェット　123
　学生帽　192
　革　198
　コーデュロイ　198
　ヨット　198
ギャング・ファッション　242
キャンパス・ファッション　251
キャンパス・ルック　301, 312
キンクス　164
クール　93
靴　192, 193, 327
　イタリアン・ローファー　84
　ラバーソール　48, 57
クラヴァット　3, 99, 143, 233
グラマー・スクール　39
グリーザーズ　302, 306
クリストファー・ギブズ　95, 98, 99, 169, 172, 176, 181, 188, 225 〜 227, 237,

ニック・コーン（Nik Cohn）

1946年ロンドン生まれ。〝ロック・ジャーナリストの父〟ともいわれる伝説的なライター。主な翻訳書に『ブロードウェイ大通り』（河出書房新社）がある。映画『サタデー・ナイト・フィーバー』は、コーンが1976年の「ニューヨーク」誌に寄せた記事が原案になった。

奥田祐士（おくだ・ゆうじ）

1958 年、広島生まれ。東京外国語大学英米語学科卒業。雑誌編集をへて翻訳業。主な訳書に『AMETORA』『ポール・マッカートニー 告白』『ポール・サイモン 音楽と人生を語る』『スティーリー・ダン・ストーリー』などがある。

誰《だれ》がメンズファッションをつくったのか?
英国男性服飾史《えいこくだんせいふくしょくし》

初版発行　2020年12月10日

著者　ニック・コーン
訳者　奥田祐士
イラスト　ジミー益子
デザイン　サリー久保田
写真協力　公益財団法人川喜多記念映画文化財団
編集　稲葉将樹(DU BOOKS)
発行者　広畑雅彦
発行元　DU BOOKS
発売元　株式会社ディスクユニオン
東京都千代田区九段南3-9-14
[編集]TEL.03-3511-9970　FAX.03-3511-9938
[営業]TEL.03-3511-2722　FAX.03-3511-9941
https://diskunion.net/dubooks/

印刷・製本 大日本印刷

ISBN978-4-86647-129-7
Printed in Japan

ボーイズ

男の子はなぜ「男らしく」育つのか

レイチェル・ギーザ 著　冨田直子 訳

女らしさがつくられたものなら、男らしさは生まれつき?
教育者や心理学者などの専門家、子どもを持つ親、そして男の子たち自身へのインタビューを含む広範なリサーチをもとに、マスキュリニティと男の子たちをとりまく問題を詳細に検討。ジャーナリスト且つ等身大の母親が、現代のリアルな「男の子」に切り込む、明晰で爽快なノンフィクション。

本体 2800 円＋税　四六　376 ページ　好評 5 刷！

70s 原宿 原風景

エッセイ集 思い出のあの店、あの場所

中村のん 編・著

70年代、「ファッションの街」が誕生した時代。原宿から人生が始まった。
高橋靖子/中西俊夫/藤原ヒロシ/大久保喜市/柳本浩市/ミック・イタヤ…他45人の珠玉の青春エッセイ集。みんな何者でもなかった。でも、自由だった。
そして、ドキドキ、ワクワクしていた。恋に。音楽に。ファッションに。これからの自分に。貴重な写真や資料も掲載！

本体 2200 円＋税　A5　264 ページ

ビールでブルックリンを変えた男

ブルックリン・ブルワリー起業物語

スティーブ・ヒンディ 著　和田侑子 (ferment books) 訳

「週刊ダイヤモンド」「料理王国」「月刊たる」などで話題！　荒廃した街とコミュニティが元気になった！　小さな醸造所をNYナンバー1クラフトブルワリーに成長させた著者だからこそ伝えられること。「ブルックリン・ブルワリーは、不屈の独立精神が起こした奇跡の象徴である」――佐久間裕美子（作家、ジャーナリスト）ほか、鈴木成宗（伊勢角屋麦酒 社長）、影山裕樹（編集者、合同会社千十一編集室代表）推薦。

本体 1600 円＋税　B6 変型　240 ページ＋カラー 16 ページ

ヒップホップ英会話入門

学校に教科書を置きっぱなしにしてきた人のための英語学習帳 JUICE

TARO 著

ラップ /DJ/ ダンス / バスケットボール / スケートボード / グラフィティのシーン別レッスンで、今すぐ使えるリアルな日常会話表現を紹介。
トラヴィス・スコット、ケンドリック・ラマー、ビヨンセ、チャンス・ザ・ラッパー、カニエ・ウェスト、2 パックほか、大人気アーティストの歌詞解説を通じて英語を学べる〈パンチラインで覚える英語〉も収録。

本体1600円＋税　四六　224ページ

DU BOOKS

SF映画術

ジェームズ・キャメロンと6人の巨匠が語るサイエンス・フィクション創作講座

ジェームズ・キャメロン 著　阿部清美 訳

シネマトゥデイ、ナタリー、映画.comなどで紹介された話題の書。
ジェームズ・キャメロンが、スピルバーグ、ジョージ・ルーカス、クリストファー・ノーラン、ギレルモ・デル・トロ、そしてリドリー・スコットら巨匠たちとサイエンス・フィクションを語りつくす。巻末にはアーノルド・シュワルツェネッガーとの対談も掲載。貴重な画像150点以上掲載。

本体3200円＋税　A5　304ページ（オールカラー）　好評2刷！

ナンシー

いいね！が欲しくてたまらない私たちの日々

オリヴィア・ジェイムス 著　椎名ゆかり 訳

＃戦前から続く超長寿マンガ × ＃スマホ中毒 ＝ ＃笑撃のアップデート
故・原田治やアンディ・ウォーホルも愛したアメリカン・コミックのヒロインがスマホを片手に大暴れ。マンガ全 277 話のほか、謎多き著者の正体に迫るインタビューや、米コミック界のジェンダー不均衡を考察したコラムも収録。

本体2800円＋税　A4変型　144ページ（オールカラー）

優雅な読書が最高の復讐である

山崎まどか書評エッセイ集

山崎まどか 著

贅沢な時間をすごすための 150 冊 ＋α。
著者 14 年ぶりの、愛おしい本にまつわるエッセイ・ブックガイド。伝説の Romantic au go! go! や積読日記、気まぐれな本棚ほか、読書日記も収録。海外文学における少女探偵、新乙女クラシック、昭和のロマンティックコメディの再発見、ミランダ・ジュライと比肩する本谷有希子の女たちの「リアル」…など。

本体2200円＋税　四六　304ページ

ウェス・アンダーソンの世界 ファンタスティック Mr.FOX

ウェス・アンダーソン 著　篠儀直子 訳

オールカラー掲載図版 500 点以上！　限定 3000 部。
監督自身が監修した、傑作メイキング本。デザインやファッションのお手本が詰まったセンスの教科書としても話題に。美しい造本にも注目。ウェス・アンダーソン監督をはじめ、豪華キャストのインタビューも掲載。その精巧でスタイリッシュなミニチュア世界の舞台裏に、美しきビジュアルとともに迫る一冊。

本体3800円＋税　B5変型　200ページ（オールカラー）

NEW LONDON

イースト・ロンドン ガイドブック

カルロス矢吹 著

ロンドンでいちばんエキサイティングでヒップなイースト・エリアのグルメ、ショッピング、お散歩スポットなど135軒！
歩いているだけで刺激を受けるShoreditch、Brick Lane、Bethnal Green、Dalston、Hackney Cetntral、Stoke Newingtonのカフェ、ギャラリー、セレクトショップ、ミュージアム、マーケットなど、とっておきのスポットを紹介します。

本体1850円＋税　A5　160ページ

ストレンジ・ブルー プラス

70年代原宿の風景とクールス

大久保喜市 著

吉田豪も推薦！　クールスのオリジナル・ベーシストが描く、70年代の原宿と“セックス、ドラッグ＆ロックンロール”な自伝的小説が、当時の写真と新原稿を追加して待望の復刊!!　原宿には何かがあった。原宿に集まる人々が生み出す空気なのか、地理的な磁場なのかは分からないが、生きようとする人の生々しいエネルギーが渦巻いていた――。
帯コメント：横山剣（クレイジーケンバンド）

本体2500円＋税　四六　304ページ　好評2刷！

拡張するファッション ドキュメント

ファッションは、毎日のアート

林央子 著

90年代カルチャーを源流として、現代的なものづくりや表現を探る国内外のアーティストを紹介し、多くの反響を呼んだ展覧会の公式図録。
従来とは異なる、洋服を着たマネキンのいないファッション展を、写真家・ホンマタカシが撮りおろした。ミランダ・ジュライ、スーザン・チャンチオロなど参加作家と林央子との対話Q&Aも収録。

本体2500円＋税　A4　192ページ（カラー128ページ）

オードリー・ヘプバーン 映画ポスター・コレクション

ポスター・アートでめぐる世界のオードリー

井上由一 編

日本だけのオリジナル企画。1953年「ローマの休日」から1967年「暗くなるまで待って」まで、約15年間の出演作16本の世界各国のポスターから、デザインが秀逸な約200点を掲載。美麗な写真や、オードリーの印象を各国のイラストレーターが捉えたイラスト作品、ヨーロッパとアメリカとのデザインの違いや、珍しい社会主義国のポスターまでを掲載した永久保存版。

本体3500円＋税　A4　184ページ（オールカラー）

DU BOOKS

ポール・マッカートニー　告白

ポール・デュ・ノイヤー 著　奥田祐士 訳

本人の口から語られる、ビートルズ結成以前からの全音楽キャリアと、音楽史に残る出来事の数々。
曲づくりの秘密やアーティストとしての葛藤、そして老いの自覚……。
70歳を過ぎてなお現役ロッカーであり続けるポールの、リアルな姿を伝えるオーラル・ヒストリーの決定版！
ポール・マッカートニーとの35年以上におよぶ対話をこの一冊に。

本体3000円＋税　A5　556ページ　好評３刷！

ジョン・レノン 音楽と思想を語る

精選インタビュー1964-1980

ジェフ・バーガー 著　中川泉 訳

生前ラスト・インタビュー収録の決定版。世界初活字化のインタビューも多数掲載！　ラジオ、テレビ、記者会見など、これまで活字として顧みられることがなかった、主要インタビューを19本収録。ティモシー・リアリーやピート・ハミルら著名人との対談も収録。「ディック・キャベット・ショー」での長時間対談は世界初の活字化。ファン待望の１冊。

本体3200円＋税　A5　488ページ

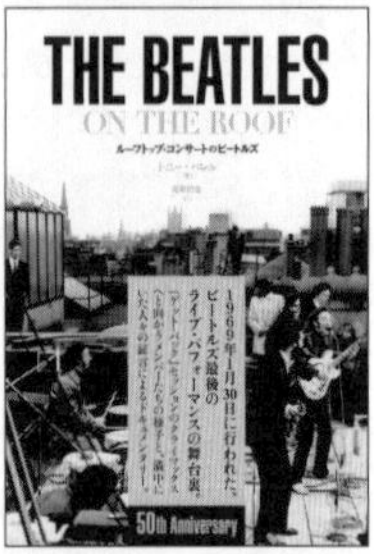

ルーフトップ・コンサートのビートルズ

世界を驚かせた屋上ライブの全貌

トニー・バレル 著　葛葉哲哉 訳

“ルーフトップ・コンサート”だけに焦点をあてた初の書籍！　ビートルズのラストライブの舞台裏。『ゲット・バック』セッションのクライマックスに行われた歴史的イベントまでのメンバーらの様子と、渦中にいた人々の証言によるドキュメンタリー。バンドの再生と人間関係を描きながら、なぜルーフトップ・コンサートが行われたのか、なぜあのような形になったのかを解き明かす。

本体2200円＋税　A5　232ページ

ミニコミ「英国音楽」とあのころの話 1986-1991

UK インディーやらアノラックやらネオアコやら ...... の青春

小出亜佐子 著

すべては１冊のファンジンから始まった!?　90 年代音楽シーンを変えたフリッパーズ・ギターのデビュー前夜、東京ネオアコ・シーンの思い出が１冊に。草の根ファン・クラブ、ビデオ上映会…etc. 大好き！が、それまでになかった音楽文化を作った時代。カジヒデキ（ex. ブリッジ）、仲真史（BIGLOVE RECORDS 代表）による友情寄稿も収録。小山田圭吾（ex. ロリポップソニック）推奨！

本体 2300 円＋税　四六　304 ページ　好評２刷！